国家基金项目编号:11402158

准晶与声子晶体研究中的解析解

李 梧 著

知识产权出版社
全国百佳图书出版单位

图书在版编目(CIP)数据

准晶与声子晶体研究中的解析解/李梧著.—北京:知识产权出版社,2016.6

ISBN 978-7-5130-3550-7

Ⅰ.①准… Ⅱ.①李… Ⅲ.①准晶体—研究 ②声子—晶体—研究 Ⅳ.①O7

中国版本图书馆 CIP 数据核字(2015)第 115368 号

内容提要

本书首先介绍准晶与声子晶体的发现及其概念,然后阐述其弹性性质,接着给出了一些常见准晶与声子晶体中的缺陷问题的解析解法,得到解析解。采用与经典弹塑性研究类似的处理方式,最后探讨了准晶弹塑性变形的一些简化模型,得到了这些模型中准晶在变形时的一些断裂参量,可能为相位子场在准晶变形中的作用做出定量分析。

责任编辑:刘晓庆 于晓菲　　　　　　　　　　责任出版:孙婷婷

准晶与声子晶体研究中的解析解

ZHUNJING YU SHENGZI JINGTI YANJIU ZHONG DE JIEXIJIE

李 梧 著

出版发行:**知识产权出版社** 有限责任公司	网　址:http://www.ipph.cn
	http://www.laichushu.com
电　话:010—82004826	邮　编:100081
社　址:北京市海淀区西外太平庄 55 号	责编邮箱:yuxiaofei@cnipr.com
责编电话:010—82000860 转 8363	发行传真:010—82000893/82003279
发行电话:010—82000860 转 8101/8029	经　销:各大网上书店、新华书店及相关专业书店
印　刷:北京中献拓方科技发展有限公司	
开　本:720mm×960mm　1/16	印　张:11.25
版　次:2016 年 8 月第 1 版	印　次:2016 年 8 月第 1 次印刷
字　数:162 千字	定　价:45.00 元

ISBN 978-7-5130-3550-7

序　言

准晶与声子晶体都是近些年发现的功能材料,由于它们的性质优良,其相关研究受到国内外越来越多学者的关注。在这一背景下,作者将准晶与声子晶体研究领域小组人员得到的最新解析解进行整理,集结成书。

准晶与声子晶体的出现使得其在固体缺陷、应用数学、断裂力学等领域的研究逐渐活跃起来。本书仅收录一些新近得到的成果,该成果获得所需要的基础知识,如弹性力学、复变函数等,读者可以查阅相关书籍。本书包括两部分:第一部分介绍了采用复变函数法对准晶的缺陷与裂纹问题做的一点工作,由于准晶塑性变形的本构关系尚未建立,我们也采用经典弹性中的一些简化模型来研究其塑性性质,得到了一些相关参量,希望能为准晶断裂力学的建立做出一点贡献;第二部分首先介绍声子晶体和其研究方法,主要叙述平面波展开法,然后给出带基底层状声子晶体的解答。内容安排如下:第1章与第2章主要介绍准晶和声子晶体的概念及其研究现状;第3章到第7章讲述它们的解析解法以及所得结果。

目前国内外关于准晶与声子晶体的专著并不多,主要侧重于它们的物理性质方面,本书侧重于它们的解析方法研究方面。书中既关注了国内学者的工作,也关注了国外学者的工作,由于国内外学者对准晶力学的贡献是多方面的,限于篇幅和著者的学识水平,我们只介绍著者熟悉的若干领域内国内外学者的创造性工作。对于国内外学者的其他方面的工作,感兴趣的读者可以查阅他们的专著。

本书的出版得到了国家自然科学基金委的资助（批准号：11402158）。在此，感谢国家自然科学基金委、太原理工大学、北京理工大学及其所有帮助过我们的朋友们。

由于作者水平有限，书中难免有不妥之处，欢迎广大读者批评指正。

作者

2016 年 3 月

目 录

第1章 引 论

1.1 准晶的发现

直至 20 世纪 80 年代,人们把固体材料分为两大类:一类是晶体,晶体中原子排列是有规则的,主要体现在原子排列有周期性,或者长程有序性;另一类是非晶体,与晶体具有很强的周期对称性或者说规律性不同,非晶体没有任何长程对称性或长程有序性,原子混乱排列。德国科学家在 1850 年就总结出晶体的平移周期性,即晶体中原子的三维周期排列方式可以概括为 14 种空间点阵。受这种平移对称约束的影响,晶体的旋转对称只能有 1、2、3、4、65 种旋转轴。这种限制就像生活中不能用正五角形拼块铺满地面一样,晶体中原子排列是不允许出现 5 次或 6 次以上的旋转对称性的。

1984 年前后以色列学者 Shechtman 在骤冷形成的微米尺寸的 Al-Mn 合金微粒的电子衍射图样中发现其具有正二十面体相的五重旋转对称性(图 1.1),并且确证这些合金相是具有长程定向有序而没有周期平移有序的一种封闭的正二十面体相,并称为准晶体[1]。几乎与此同时,中国科学院沈阳金属所的郭可信院士小组也独立发现了 Ti-V-Ni 急冷合金具有二十面体准晶相[2]。随后,在其他一些合金中,具有十次[3]、十二次[4]和八次[5]旋转对称轴的电子衍射图的准晶相也被相继发现。由此可见准晶体是一种介于晶体和非晶体之间的固体。它们具有完全有序的结构,然而又不具有晶体所应有的平移对称性,因而可以具有晶体所不允许的宏观对称性。准晶是具有准周期平移格子构造的固体,其中的原子常呈定向有序排列,但不作周期性平移重复,其对称要素包含与晶体空间格子不相容的对称(如五次对称轴)。不仅如此,在 V-Ni-Si 合金中还发现了具有立方对称性的晶体[6,7],到目前为止,已有上百种合金中都被观察到准晶相[8],它们大部分都是 Al 基于二元素或三元素合金或者都是与 Al 相类似的 Ga 及 Ti 元素的合金[9],并且还有很多新的准晶在不断地被发现。早期发现的准晶是亚稳态的,不适合进行一些力学性能测试,对其研究以微观结构和形成机制为主。现在,在 Al-Li-Cu、Al-Cu-Fe 和 Al-Cu-Co 等合金系中已发现了大量热力学稳定的准晶[10],而且,人们可以通过普通的凝固方法制备出高质量、大单晶准晶[11]。因此,对稳定的准晶结构内部沿不同方向可以做力学性能和实验分析及测量等。准晶作为轻质量、高强度和适宜在中温状态下工作的材料,正在成为功能材料和结构材料,具有很好的应用前景。

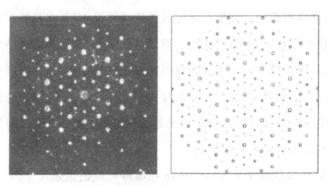

图 1.1　Shechtman 实验中的 Al-Mn 合金电子衍射图

以上的这些戏剧性发现突破了具有几个世纪历史的晶体学基本定律,5 次对称性和准晶的发现对传统晶体学产生了强烈的冲击,它为物质微观结构的研究增添了新的内容,为新材料的发展开拓了新的领域。2009 年 7 月 15 日,据美国 *Science* 杂志在线新闻报道,自从科学家在 25 年前首次制造出这种物质以来,他们一直在思考自然界是否也有能力形成这种物质[12]。为了找到答案,研究人员在那些包含有形成准晶的物质——铝、铜和铁的岩石中展开了搜索。一个计算机程序最终帮助科学家缩小了范围——他们在一种名为 khatyrkite 的岩石中找到了准晶(图 1.2)。这使得准晶是一种真实存在的物质这一概念被人们接受。在 2011 年,美国科学家首次在软物质和胶体中发现了这种晶体相[13]。

图 1.2 自然界中发现的物质——准晶

我国科学工作者在准晶的发现中做出了突出的贡献。除了郭可信院士领导的准晶研究小组在国际上一直处于领先地位外,王宁等[5]在 Cr-Ni-Si 合金中首次报道了八次对称二维准晶的发现;张泽院士等[14]独立地在急冷条件下复杂晶体生成及其特殊衍射现象探索中,发现 Ti-Ni-V 五次对称准晶,将晶体中衍射衬度理论方法引入准晶缺陷研究,在 Al-Cu-Co 十次对称准晶中发现位错,系统研究了五次对称准晶位错布氏矢量,为准晶缺陷研究提供了新方法和新理论;中国科学院冯国光等在急冷 Al-Fe 合金中发现十次对称准晶相[15];陈焕等[16]在合金 V-Ni-Si 中发现十二次对称准晶。除了三维准晶和二维准晶之外,冯端[17]、何伦雄等[18]、杨文革等[19]也分别制备和发现了一些稳定的一维准晶。

准晶的发现改变了人们对固体结构的认识,开辟了固体结构研究的新领域,揭示了一种新对称性——准周期对称性的存在,是物理学的重大发现,极大地深化了人们对晶体学、凝聚态物理的认识。

2011 年诺贝尔化学奖授予准晶的发现者以色列科学家 Shechtman。瑞典皇家科学院的公报称,准晶的发现冲击了传统晶体学中的基本概念,使得人们重新审视了"晶体"这个固体理论中的基本概念。在目前发现的 200 余种准晶中,二维和三维准晶是目前发现最多的两大类,分别有 60～70 种和 100 多种。准晶的优良性质,如低传导率、良好的抗氧化性等使得它有广泛的应用前景。因此,关于准晶的研究工作方兴未艾。

1.2 准晶的结构分类与描述简介

如上述所说,准晶与周期晶体不同。根据其特有的对称性,它们属于一类非周期晶体。准晶这种独特特点起源于它们特殊的原子构造。这种结构的特点可以由衍射模式来解释。只不过准晶的这种衍射模式和晶体不同。与其他非周期晶体类似,准周期性产生新的自由度,可以有下面的解释。在固态物理和晶体学中,Miller 指数 (h,k,l) 被用来描述晶体的结构。这些指数能解释所有晶体的衍射谱。晶体最大的特点是具有周期结构,组成晶体的粒子在空间规则排列。此重复的单元称为晶胞。两个晶胞对应点的物理性质完全相同,这种性质称为平移对称性,当围绕晶胞的任何一个点的一个轴旋转,转角为 $\frac{2\pi}{1}$、$\frac{2\pi}{2}$、$\frac{2\pi}{3}$、$\frac{2\pi}{4}$、$\frac{2\pi}{6}$ 或这些角的整数倍时,总可以复原,这一性质称为晶体的取向对称性。注意在上述 $\frac{2\pi}{n}$ 中 n 代表对称轴旋转次数,$n=1,2,3,4,6$,在晶体中未发现 $n=5$ 和 $n>6$ 的情形,这是因为取向对称性受到平移对称性的制约,若 $n=5$ 和 $n>6$,则破坏了平移对称性,因而不能构成晶体。

在晶体中,基矢量的数目 N 等于其维数 d,即 $N=d$。然而由于准晶的准周期性,Miller 指数不能使用,相应地需要采用六个指数 $(n_1,n_2,n_3,n_4,n_5,n_6)$。这样,就需要引入高维(包含四维、五维、六维)空间来刻划准晶的对称性。物理上三维空间中的准晶可以看作数学上的高维空间中的晶格的投影。四维、五维和六维空间中的周期晶格向物理空间的投影分别产生一维、二维和三维准晶。六维空间采用记号 E^6 表示,它包含两个子空间:一个为物理空间,称为平行空间,记号为 $E_\parallel^3$;另一个称为矢量空间,称为垂直空间,记号为 $E_\perp^3$;因此,有

$$E^6 = E_\parallel^3 \oplus E_\perp^3 \tag{1.2.1}$$

其中,$\oplus$ 为数学上的直和。

对于一维、二维和三维准晶,物理空间上的维数为 $d=3$,基矢量的数目 $N=$

$4,5,6$,因此 $N > d$,这和晶体是不一样的。

描述准晶的对称性最合适的方法为群论表示法[20]。

一维准晶有 31 个点群,包括 6 个晶系和 10 个 Laue 类,其中所有的点群为合晶点群,见表 1.1。

表 1.1 一维准晶点群

晶系	Laue 类	点群
Triclinic(三斜)	1	$1,\bar{1}$
Monoclinic(单斜)	2	$2,m_h,2/m_h$
	3	$2_h,m,2_h/m$
Orthorhombic(正交)	4	$2_h 2_h 2, mm2, 2_h mm_h, mmm_h$
Tetragonal (四方)	5	$4,\bar{4},4/m_h$
	6	$42_h 2_h, 4m, 4_h/m, mm$
Rhombohedral (三方)	7	$3,\bar{3}$
	8	$32_h, 3m, \bar{3}m$
Hexagonal (六方)	9	$6,\bar{6},6/m_h$
	10	$62_h 2_h, 6mm, 6m 2_h, 6/m_h mm$

二维准晶有 57 个点群,其中包括 31 个合晶点群,而其他 26 个为非合晶点群,见表 1.2。

表 1.2 二维准晶点群

晶系	Laue 类	点群
Pentagonal(五角)	11	$5,\bar{5}$
	12	$5m,52,\bar{5}m$
Decagonal(八角)	13	$8,\bar{8},8/m$
	14	$8mm,822,\bar{8}m2,8/mmm$
Octagonal(十角)	15	$10,\overline{10},10/m$
	16	$10mm,1022,\overline{10}m2,10/mmm$

续表

晶系	Laue 类	点群
Dodecagonal(十二角)	17	$12,\overline{12},12/m$
	18	$12mm,1222,\overline{12}m2,12/mmm$

三维准晶有 60 个点群,包括:32 个晶体学点群和 28 个非合晶点群,即二十面体点群$(235,m\overline{3}5)$和 26 个具有 5 重、8 重、10 重和 12 重对称性$(5,\overline{5},52,5m,$

$5m$ 和 $N,\overline{N},N/m,N22,Nmm,\overline{N}m^2,N/mmm,N=8,10,12)$的点群,这 26 个点群已经由表 1.2 列出。

准晶的特殊结构导致了它们具有一些新物理性质。准晶的力学性能,特别是其弹性性质,引起了各地学者的极大兴趣。其热力学性质也受到人们的广泛重视,其热传导性能比传统金属要差。在准晶的这些特殊性质中,首先是其弹性,第二是电性。其 Hall 效应也激起人们的研究兴趣。近年来,准晶——光子晶体的研究变成一个热点,有进一步深入研究的趋势。自从准晶被发现以来,其电学结构及其相关课题也是研究热点。由于不具有周期性,固体物理中的 Bloch 定理和 Brillouin 区概念就不能应用到准晶的研究中来。但是采用一些简单的模型和数值模拟,人们能获得准晶的电能谱。对于一些准晶材料,如 Al-Cu-Li、Al-Fe 等,当能量超出费米能时,会有赝隙出现。

按照在三维空间中原子排列的不同方式或者根据物理空间中材料呈现准周期性的维数,准晶可以分为一维准晶、二维准晶和三维准晶三大类。所谓一维准晶,指的是原子在二维上是周期分布的,在另外一维上才是准周期分布的。二维准晶是指在三维空间的一个方向原子排列是周期的,而在垂直这个方向的平面内是准周期排列的,发现的二维准晶有十次准晶、十二次准晶、八次准晶和五次准晶等四类。三维准晶是指在三维空间中的任何一个方向,原子排列都是准周期的。如二十面体准晶就是三维准晶,它又可分为简单二十面体准晶和面心二十面体准晶。在目前发现的准晶中,约有 200 多种,其中 100 余种为二十面体准晶,70 余种为十次对称准晶。因此这两大类准晶在整个准晶系中占有重要地位。另外值得注意的是,二维准晶和平面准晶是两种不同的准晶。二维准晶就如前面所述,是一种具有二维准周期平面的三维结构,另一个方向是周期性的。而平面准晶是一种二维结构,平面内原子排列是准周期的,没有第三维方向。

为了更好地描述准晶的结构特征,目前已有很多种方法,如 Penrose 拼砌法、网格法、覆盖描述法、对偶网格法、自相似交换法和高维投影法等十多种方法构造准周期点阵,其中 Penrose 拼砌法和高维投影法被广泛应用。

20 世纪 70 年代,英国数学物理学家 Penrose 尝试用非周期的方法来铺砌平面,他用两种菱形(内角分别为 $36°$ 和 $144°$、$72°$ 和 $108°$)按一定的比例镶配在一起,在无穷的铺砌中,两种菱形数目之比等于黄金分割值。Penrose 拼图具有一般晶体点阵的长程取向排列,但无周期平移序,而具有准周期平移序,出现晶体中禁止的五次对称轴。图 1.3 所示的平面拼砌就具有五重取向序。可以看出,拼砌具有局域同构性。接着 Levine 和 Steinhardt 提出了一种 3 维的 Penrose 结构,这种结构已证明与准晶体有密切的关系。随着具有 8、10、12 次对称轴的准晶物质的发现,人们开始设计出具有 8、10、12 次对称轴的 Penrose 拼图,并用这些拼图解释不同的准晶结构。下面选取几种不同对称性的准晶,介绍其对应的 Penrose 拼图。

(1)用八次对称性 Penrose 拼图有关的菱形(内角分别为 $45°$ 和 $135°$ 与正方形)拼出了具有 2 次和 4 次对称性的 Penrose 拼图。

(2)用十次对称性 Penrose 拼图有关的菱形(内角分别为 $36°$ 和 $144°$、$72°$ 和 $108°$)拼出了具有 2 次和 5 次对称性的 Penrose 拼图。

(3)用十二次对称性 Penrose 拼图有关的菱形(内角分别为 $30°$ 和 $150°$、$60°$ 和 $120°$ 以及正方形)拼出了具有 2 次、3 次、4 次、6 次对称性的 Penrose 拼图。

(4)对于三维二十面体准晶,其结构模型和 Penrose 拼图与二维准晶结构模型和 Penrose 拼图明显不同。英国的 A. L. Mackay 将二维 Penrose 图形推广到三维空间,构造了具有二十面体对称的三维 Penrose 拼砌,两个基本拼砌单元的

角度 α 分别为 arctan2（＝63.43°）、180°－arctan2（＝116.57°）的扁的、厚的两种菱面体（通常为 Ammann 菱面体），这些菱面体的顶点构成了三维二十面体准点阵（图 1.4）。

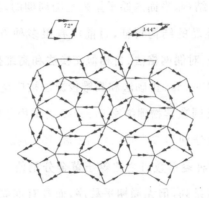

图 1.3　由两种菱形所构成的 Penrose 拼图

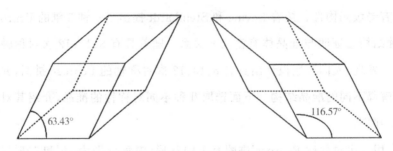

图 1.4　用来构造 Penrose 拼砌模型的两种菱面体

1.3　声子晶体概念的提出

对弹性波在周期介质中的研究有近 100 年的历史，但是声子晶体概念的提出只有 20 多年的历史。1993 年 M. S. Kushwaha 等类比电子晶体第一次明确地提出了声子晶体的概念，并且对一种复合介质进行了平面波计算获得了剪切极化方向的弹性波禁带[21]。声子晶体有这样的特点：当弹性波的频率落在禁带范围内时，弹性波被禁止传播；当存在缺陷时，弹性波会被局限在缺陷处或者沿缺陷传播,因此对声子晶体进行设计可以认为调节波的流动[22,23]。无论是二维的还是三维的复合介质,只有在一定的条件下才能产生声子带隙,这些条件包括两种组元的质量密度 ρ 之比、波速(纵波波速 C_l 和横波波速 C_t)之比、两组元在复合材料中各占的体积比、晶格结构(排列和组元的形状)等,都会对声子的带结构造成影响。理论和实验都发现了在声子晶体中能带结构和带隙的存在。

在声子晶体中,密度和弹性常数不同的材料按周期结构复合在一起,互相不连通的材料称为散射体,连通为一体的材料称为基体。按周期结构的维数可分为一维、二维和三维声子晶体。一维声子晶体一般为杆状或层状周期结构,是声子晶体的特殊情形。二维声子晶体一般为柱状散射体材料中心轴线均平行为空间某一个方向、并将其埋入基体材料中所形成的周期结构,散射体可以为空心的或者实心的,横截面通常是圆形或者正方形的。散射体的排列方式可以是正方形排列、三角形排列等。三维声子晶体一般针对球形散射体埋入某一基体材料中所形成的周期点阵结构,周期点阵结构形式可以是体心立方结构、面心立方结构、简单立方结构等。按散射体和基体组元材料的数目分类,可以分为二组元、三组元声子晶体。而按照组元材料的属性分类,可分为固/固、固/液、固/气声子晶体等。理想型声子晶体模型一般认为在非周期方向上具有无限尺寸,这种假设只有在弹性波长远小于非周期方向尺寸的才合理。

自声子晶体概念提出以来,人们预计声子晶体带隙、缺陷态等特性使得其在高精密无振动环境方面、声功能器件方面、减振降噪方面具有潜在的应用可能性。声子晶体的弹性波带隙特性可用于减振:一方面可为高精密系统提供一定频率范围内的无振动加工环境,保证高精度的要求;另一方面可以作为特殊精密仪器或者设备提供一定频率范围内的无振动工作环境,提供工作精度和可靠性,同时延长使用寿命。噪声在声子晶体中同样以弹性波传播,利用声子晶体的带隙特性,可以设计出隔声降噪材料。这种材料既可以隔声,也可以在噪声处控制噪声。在声功能器件方面,利用声子晶体的缺陷态特性,可以设计出高效、低耗声滤波器。

第2章 准晶与声子晶体弹性及其研究进展

2.1 准晶弹性理论来源

准晶属于凝聚态物理的范畴而不是传统的固态物理,虽然后者来源于前者。在凝聚态物理学发展中,相变和对称性破缺形成其核心理念和原则。准晶的弹性形变现象,在理论上和经典弹性理论有很大的不同,它必须借助 Landau 对称性破缺理论。Anderson 曾经把 Landau 对称性破缺理论用于晶体,准晶发现后,研究者又把它推广到准晶。在这方面的首创工作当属 Bak[24,25]、Levine 与 Lubensky 等[26,27]。在 Shechtman 发现准晶之后,Bak[24]立即发表了其弹性理论,在其中他采用了物理和数学中三个重要的结果,核心就是朗道元激发理论和凝聚物质的对称性破缺。

根据物理学家的理解,准晶弹性的朗道密度波描述是一个自然的选择,Bak 也指出,理想情况下,想要用第一原理计算来解释这个结构需要考虑构成原子的实际电子性质,这样的计算目前几乎不可能。因此他建议采用朗道的唯象理论[24,25]于结构转型,即对称性破缺序参量描述的凝聚相,能被转化为一个有充分平移和旋转对称性流体的对称群的不可约表示。

系统经历相变时一般伴随对称性的改变,Landau 唯象理论第一步就是引入序参量来定量描述有序程度或者对称性。利用唯象的 Landau 理论,准晶的序参量是密度(波),将密度(波)在高维倒格矢空间进行展开。借助于高温无序的各向同性液晶相的研究方法,低温 d-维准晶能表示为一个扩展的傅里叶级数

（扩展存在因为晶格的周期性或高维空间的倒格子）：

$$\rho(\boldsymbol{r}) = \sum_{\boldsymbol{G} \in L_R} \rho_{\boldsymbol{G}} \exp\{i\boldsymbol{G} \cdot \boldsymbol{r}\} = \sum_{\boldsymbol{G} \in L_R} |\rho_G| \exp\{-i\Phi_G + i\boldsymbol{G} \cdot \boldsymbol{r}\} \quad (2.1.1)$$

式中：$\boldsymbol{G}$ 为倒格矢；L_R 为倒格子；ρ_G 为一个复数，即

$$\rho_G = |\rho_G| \mathrm{e}^{-i\Phi_G} \quad (2.1.2)$$

其振幅为 $|\rho_G|$，相角为 Φ_G，由于 $\rho(\boldsymbol{r})$ 是实数，有 $|\rho_G| = |\rho_{-G}|$ 和 $\Phi_G = -\Phi_{-G}$。

如果存在 N 个基矢 $\{\boldsymbol{G}_n\}$，所以对一个 $\boldsymbol{G} \in L_R$ 人们能写出 $\sum m_n \boldsymbol{G}_n$，其中 m_n 为整数。此外 $N = kd$，其中 k 为 d 一维准晶中互为无公度（两个基本长度的比为无理数）的矢量的个数，一般 $k = 2$。

理论物理学家和理论凝聚态物理学家通过论证，得到结果：

$$\Phi_n = \boldsymbol{G}_n^{\parallel} \cdot \boldsymbol{u} + \boldsymbol{G}_n^{\perp} \cdot \boldsymbol{w} \quad (2.1.3)$$

式中：$\boldsymbol{G}_n^{\parallel}$ 为平行（物理）空间的倒格矢；$\boldsymbol{G}_n^{\perp}$ 在补空间（或垂直空间），是 $\boldsymbol{G}_n^{\parallel}$ 共轭矢量；$\boldsymbol{u}$ 和 $\boldsymbol{w}$ 为两个位移场，即声子场和相位子场，虽然像晶体的讨论一样，对准晶引入声子场，还必须要引入另一个流体动力学量，称为上述的相位子场，它位于垂直空间或补空间，描述基于 Penrose 拼砌的晶胞中的局部重排。它们都仅是物理空间的位矢函数，其中 $\boldsymbol{G}_n^{\parallel}$ 为刚才所提到的物理空间 $E_{\parallel}^3$ 的倒格矢，而 $\boldsymbol{G}_n^{\perp}$ 是垂直空间 $E_{\perp}^3$ 的共轭矢量。人们会发现上面所提到的 Bak 的假设是 Anderson 理论的一个自然发展。几乎同时，Troian 和 Mermin[28]、Jaric[29]、Duneau 和 Katz[30]、Socolar 等[31]、Gahler 和 Rhyner[32] 也对准晶的弹性做了研究。尽管这些研究人员对准晶弹性从不同的描述出发做了相关研究，例如基于 Penrose 拼砌的晶胞描述，但是基于对称性破缺的朗道唯象理论的密度波描述扮演了主要角色且得到了广泛认可。这就意味着准晶中存在两个低能元激发，声子 $\boldsymbol{u}$ 和相位子 $\boldsymbol{w}$，其中矢量 $\boldsymbol{u}$ 处于平行空间 $E_{\parallel}^3$ 中，矢量 $\boldsymbol{w}$ 处于垂直空间 $E_{\perp}^3$ 中。因此准晶的整个位移场为

$$\bar{\boldsymbol{u}} = \boldsymbol{u}^{\parallel} \oplus \boldsymbol{u}^{\perp} = \boldsymbol{u} \oplus \boldsymbol{w} \quad (2.1.4)$$

其中，$\oplus$ 代表直和。

根据 Bak 等人的观点，有

$$u = u(r^{\parallel}), w = w(r^{\parallel}) \qquad\qquad (2.1.5)$$

即 u 和 w 仅依靠平行空间 $E_{\parallel}^3$ 中的经矢 $r^{\parallel}$。

即使像这样引进 u 和 w，相位子的概念还是很难被读者接受。以下将根据投影的概念作一些补充解释。

原来说过，按照群论思想，准晶结构在高维空间（数学空间，如四维或五维或六维空间）是周期结构。而准晶相当于高维空间中的"周期晶体"向三维物理空间的投影，如一维准晶是四维"周期晶体"在三维空间中的投影、二维准晶是五维"周期晶体"向三维空间中的投影、三维准晶是六维"周期晶体"向三维空间中的投影。

以一维准晶为例，原子排列仅在一个方向为准周期的，假设为 z 轴方向，而在另外两个方向是周期的。原子排列的周期轴能被视为二维周期晶体的一个投影，其中点构成二维，即右侧的方形晶体，具有无理数斜率的线和准周期结构对应（相反地，如果斜率为有理数，那么和周期结构对应）。为此，可以使用所谓的斐波那契数列来描述，它由一个长段 L 和一个短段 S 构成：

$$F_{n+1} = F_n + F_{n-1} \qquad\qquad (2.1.6)$$

和

$$F_0 : S, F_1 : L, F_2 : LS, F_3 : LSL, F_4 : LSLLS, \cdots \qquad (2.1.7)$$

斐波那契数列是有序的，但是为非周期的。斐波那契数列是描述一维准周期结构几何形状的有用工具，就像 Penrose 拼砌描述二维准晶和三维准晶的几何构型一样。对于一维准晶，斐波那契数列给出了一个清楚的描述，而对于二维准晶却不存在这样清楚的数列描述。因为准晶属于一种非对称晶体相，且在非对称晶体中存在相位子模，由 $w(r^{\parallel})$ 表示，它理解为相应的新位移场，如果人们具备了非对称晶体方面的知识，那么他们很容易就能理解准晶中相位子模的来源，尽管传统非对称晶体和真实准晶不同。

出现在物理空间 $E_{\parallel}^3$ 中的声子变量 $u(r^{\parallel})$ 代表晶格点由于晶格振动偏离其平衡位置的位移。这种振动的传播就是固体中声波。尽管振动是一种能够量化的力学运动,这种运动的量化命名为声子。因此 **u** 场的物理术语称为声子场。**u** 的梯度刻画了晶胞的体积和形状的改变——这和经典弹性是一致的。

像以前提到的一样,相位子变量实质上和合金的结构变换有关,可以从衍射图形的特点中观察到。Lubensky 等[27,33,34]、Horn 等[35]讨论了这种现象和相位子应变之间的联系。这些深刻的观察这里不作讨论,读者可以查看胡承正、王仁卉、丁棣华的文章[36]。这能够使我们相信相位子模确实存在。相位子变量的物理含义能被解释为描述一个晶胞中原子局部重排的一个量。我们知道晶体材料中的相变仅由原子局部重排产生。以上的准晶单胞描述预言了 **w** 描述了 Penrose 拼砌的局部重排。这些发现能帮助我们理解这些不寻常场变量的含义。之后的一些中子散射、穆斯堡尔光谱、核磁共振实验和比热测定,导致了热引起的相位子翻转被提出,这就是相位子扩散的本质。注意这里所谓的扩散和金属周期晶体的扩散完全不同(金属周期晶体的扩散由晶格空缺而来,而准晶结构中原子运动不一定有晶格空缺)。

必须指出的是矢量 **u** 和 **w** 在特定的对称操作中本质上是不同的。这可以由群论来解释。这些讨论在这里略去。

武汉大学王仁卉、丁棣华、杨文革小组在准晶的弹性研究中取得重大进展,获得了准晶的广义弹性理论。在物理空间,与经典弹性类似,引入相对位移的声子场变形(刚体移动和旋转不导致变形),并且建立直角坐标系(x_1, x_2, x_3) 或(x, y, z),那么声子场的位移可以用 $\mathbf{u} = (u_1, u_2, u_3) = (u_x, u_y, u_z)$ 来表示,有

$$\nabla \mathbf{u} = \frac{\partial u_i}{\partial x_j} = \begin{bmatrix} \dfrac{\partial u_x}{\partial x} & \dfrac{\partial u_x}{\partial y} & \dfrac{\partial u_x}{\partial z} \\[2mm] \dfrac{\partial u_y}{\partial x} & \dfrac{\partial u_y}{\partial y} & \dfrac{\partial u_y}{\partial z} \\[2mm] \dfrac{\partial u_z}{\partial x} & \dfrac{\partial u_y}{\partial y} & \dfrac{\partial u_y}{\partial z} \end{bmatrix} = \frac{1}{2}\left(\frac{\partial u_i}{\partial x_j} + \frac{\partial u_j}{\partial x_i}\right) - \frac{1}{2}\left(\frac{\partial u_j}{\partial x_i} - \frac{\partial u_i}{\partial x_j}\right) = \varepsilon_{ij} + \omega_{ij}$$

$$(2.1.8)$$

其中，$\nabla \mathbf{u}$ 表示矢量 $\mathbf{u}$ 的梯度，且

$$\varepsilon_{ij} = \frac{1}{2}\left(\frac{\partial u_i}{\partial x_j} + \frac{\partial u_j}{\partial x_i}\right) = \begin{bmatrix} \dfrac{\partial u_x}{\partial x} & \dfrac{1}{2}\left(\dfrac{\partial u_x}{\partial y} + \dfrac{\partial u_y}{\partial x}\right) & \dfrac{1}{2}\left(\dfrac{\partial u_x}{\partial z} + \dfrac{\partial u_z}{\partial x}\right) \\[3mm] \dfrac{1}{2}\left(\dfrac{\partial u_x}{\partial y} + \dfrac{\partial u_y}{\partial x}\right) & \dfrac{\partial u_y}{\partial y} & \dfrac{1}{2}\left(\dfrac{\partial u_y}{\partial z} + \dfrac{\partial u_z}{\partial y}\right) \\[3mm] \dfrac{1}{2}\left(\dfrac{\partial u_x}{\partial z} + \dfrac{\partial u_z}{\partial x}\right) & \dfrac{1}{2}\left(\dfrac{\partial u_y}{\partial z} + \dfrac{\partial u_z}{\partial y}\right) & \dfrac{\partial u_z}{\partial z} \end{bmatrix}$$

$$\tag{2.1.9}$$

$$\omega_{ij} = \frac{1}{2}\left(\frac{\partial u_i}{\partial x_j} - \frac{\partial u_j}{\partial x_i}\right) = \begin{bmatrix} 0 & -\dfrac{1}{2}\left(\dfrac{\partial u_y}{\partial x} - \dfrac{\partial u_x}{\partial y}\right) & -\dfrac{1}{2}\left(\dfrac{\partial u_z}{\partial x} - \dfrac{\partial u_x}{\partial z}\right) \\[3mm] -\dfrac{1}{2}\left(\dfrac{\partial u_x}{\partial y} - \dfrac{\partial u_y}{\partial x}\right) & 0 & -\dfrac{1}{2}\left(\dfrac{\partial u_z}{\partial y} - \dfrac{\partial u_y}{\partial z}\right) \\[3mm] -\dfrac{1}{2}\left(\dfrac{\partial u_x}{\partial z} - \dfrac{\partial u_z}{\partial x}\right) & -\dfrac{1}{2}\left(\dfrac{\partial u_y}{\partial z} - \dfrac{\partial u_z}{\partial y}\right) & 0 \end{bmatrix}$$

$$\tag{2.1.10}$$

这意味着声子矢量 $\mathbf{u}$ 的梯度能被解耦为两部分 ε_{ij} 和 ω_{ij}，其中 ε_{ij} 和变形能有关，ω_{ij} 代表一种刚体旋转。仅仅考虑 ε_{ij}，它是声子变形张量，或应变张量，具有对称性：$\varepsilon_{ij} = \varepsilon_{ji}$。

类似地，对于相位子场，有相位子变形与相位子应变张量定义于

$$w_{ij} = \frac{\partial w_i}{\partial x_j} \tag{2.1.11}$$

和

$$\nabla \mathbf{w} = \frac{\partial w_i}{\partial x_j} = \begin{bmatrix} \dfrac{\partial w_x}{\partial x} & \dfrac{\partial w_x}{\partial y} & \dfrac{\partial w_x}{\partial z} \\[3mm] \dfrac{\partial w_y}{\partial x} & \dfrac{\partial w_y}{\partial y} & \dfrac{\partial w_y}{\partial z} \\[3mm] \dfrac{\partial w_z}{\partial x} & \dfrac{\partial w_z}{\partial y} & \dfrac{\partial w_z}{\partial z} \end{bmatrix} \tag{2.1.12}$$

所有分量 $\dfrac{\partial w_i}{\partial x_j}$ 都对准晶变形有贡献，其中它为非对称的 $w_{ij} \neq w_{ji}$，相位子

位移场 **w** 的梯度表示准晶中一个晶胞中的原子局部重排。当原子在晶胞中做局部重排时,要使原子突破阻碍,外部力是必要的。即对于准晶的变形,存在不同于传统体力密度 **f** 和面力密度 **T** 的另外一种体力密度和面力密度,命名于广义体力密度 **g** 和广义面力密度 **h**。

对于静态变形情形,用 σ_{ij} 表示与 ε_{ij} 相应的声子应力张量,用 H_{ij} 表示与 w_{ij} 相应的相位子应力张量,基于动量守恒定律有下面平衡方程:

$$\begin{cases} \dfrac{\partial \sigma_{ij}}{\partial x_j} + f_i = 0 \\[2mm] \dfrac{\partial H_{ij}}{\partial x_j} + g_i = 0 \end{cases} ,(x,y,z) \in \Omega \tag{2.1.13}$$

对声子场应用角动量守恒定律:

$$\frac{\mathrm{d}}{\mathrm{d}t} \int_\Omega \mathbf{r}^\parallel \times \rho \dot{\mathbf{u}} \mathrm{d}\Omega = \int_\Omega \mathbf{r}^\parallel \times \mathbf{f} \mathrm{d}\Omega + \int_\Omega \mathbf{r}^\parallel \times \mathbf{T} \mathrm{d}\Gamma \tag{2.1.14}$$

与经典弹性类似,得到

$$\sigma_{ij} = \sigma_{ji} \tag{2.1.15}$$

这表明声子场应力张量是对称的。

因为在不同的点群表示下 $\mathbf{r}^\parallel$ 和 **w(g,h)** 会改变,更准确地说,前者像矢量那样变化,但是后者却不,叉积表示:$\mathbf{r}^\parallel \times \mathbf{w}$,$\mathbf{r}^\parallel \times \mathbf{g}$ 和 $\mathbf{r}^\parallel \times \mathbf{h}$ 无定义。这意味着对于相位子场不存在类似式(2.1.14)那样的方程,所以相位子场应力不是对称张量:

$$H_{ij} \neq H_{ji} \tag{2.1.16}$$

这个结论对除了三维立方准晶之外的所有准晶都成立。

对于动态变形情形,变形过程相当复杂;存在很多不同的观点。感兴趣的读者可以参考文献[37]。

2.2　准晶弹性广义胡克定律

准晶的自由能或应变能密度 $F(\varepsilon_{ij}, w_{ij})$ 中相位子项的出现是准晶弹性能密度与经典弹性理论中弹性能密度区别的主要特征之一,它是反映准周期结构的重要参数。将其在 $\varepsilon_{ij}=0$ 和 $w_{ij}=0$ 邻域作泰勒展开,相位子的应变和声子的应变互相结合的二次式构成准晶弹性自由能的低阶项,所以只保留到第二项,得到

$$F（\varepsilon_{ij}，w_{ij}）=\frac{1}{2}\left[\frac{\partial^2 F}{\partial\varepsilon_{ij}\partial w_{kl}}\right]_0\varepsilon_{ij}\varepsilon_{kl}+\frac{1}{2}\left[\frac{\partial^2 F}{\partial\varepsilon_{ij}\partial w_{kl}}\right]_0\varepsilon_{ij}w_{kl}+$$

$$\frac{1}{2}\left[\frac{\partial^2 F}{\partial w_{ij}\partial w_{kl}}\right]_0 w_{ij}w_{kl}+\frac{1}{2}\left[\frac{\partial^2 F}{\partial w_{ij}\partial\varepsilon_{kl}}\right]_0 w_{ij}\varepsilon_{kl}=\frac{1}{2}C_{ijkl}\varepsilon_{ij}\varepsilon_{kl}+\frac{1}{2}R_{ijkl}\varepsilon_{ij}w_{kl}+$$

$$\frac{1}{2}K_{ijkl}w_{ij}w_{kl}+\frac{1}{2}R'_{ijkl}w_{ij}\varepsilon_{kl}=F_u+F_w+F_{uw} \qquad (2.2.1)$$

式中:F_u、F_w 和 F_{uw} 分别代表声子、相位子、声子——相位子耦合部分,且

$$C_{ijkl}=\left[\frac{\partial^2 F}{\partial\varepsilon_{ij}\partial w_{kl}}\right]_0 \qquad (2.2.2)$$

是声子弹性常数张量,这里

$$C_{ijkl}=C_{klij}=C_{jikl}=C_{ijlk} \qquad (2.2.3)$$

这个张量能表示成一个对称矩阵 $[C]_{9\times 9}$。

在式(2.2.1)中,另一个张量为

$$K_{ijkl}=\left[\frac{\partial^2 F}{\partial w_{ij}\partial w_{kl}}\right]_0 \qquad (2.2.4)$$

其中:指标 j、l 属于空间 $E^3_{\parallel}$,i、k 属于 $E^3_{\perp}$,并有

$$K_{ijkl}=K_{klij} \qquad (2.2.5)$$

K_{ijkl} 所有的分量也能表示成一个对称矩阵 $[K]_{9\times 9}$。

此外

$$R_{ijkl}=\left[\frac{\partial^2 F}{\partial\varepsilon_{ij}\partial w_{kl}}\right]_0 \qquad (2.2.6)$$

$$R'_{ijkl}=\left[\frac{\partial^2 F}{\partial w_{ij}\partial\varepsilon_{kl}}\right]_0 \qquad (2.2.7)$$

为声子—相位子耦合弹性常数。

值得注意的是,指标 i、j、l 属于空间 $E^3_{\parallel}$,k 属于 $E^3_{\perp}$,并有

$$R_{ijkl}=R_{jikl}，R'_{ijkl}=R_{klij}，R'_{klij}=R_{ijkl} \qquad (2.2.8)$$

但

$$R_{ijkl} \neq R_{klij}, R'_{ijkl} \neq R'_{klij} \tag{2.2.9}$$

它们所有的分量能表示成对称矩阵 $[R]_{9 \times 9}$ 和 $[R']_{9 \times 9}$，且有

$$[R]^T = [R'] \tag{2.2.10}$$

其中，T 表示转置算子。四个矩阵 $[C]$、$[K]$、$[R]$ 和 $[R']$ 构成了一个 18×18 阶的矩阵：

$$[C, K, R] = \begin{bmatrix} [C] & [R] \\ [R'] & [K] \end{bmatrix} = \begin{bmatrix} [C] & [R] \\ [R]^T & [K] \end{bmatrix} \tag{2.2.11}$$

如果用 18 个元素的行向量表示应变张量，即

$$[\varepsilon_{ij}, w_{ij}] = \begin{bmatrix} \varepsilon_{11}, \varepsilon_{22}, \varepsilon_{33}, \varepsilon_{23}, \varepsilon_{31}, \varepsilon_{12}, \varepsilon_{32}, \varepsilon_{13}, \varepsilon_{21} \\ w_{11}, w_{22}, w_{33}, w_{23}, w_{31}, w_{12}, w_{32}, w_{13}, w_{21} \end{bmatrix} \tag{2.2.12}$$

其转置表示一个列向量，那么自由能（应变能密度）可表示为

$$F = \frac{1}{2} [\varepsilon_{ij}, w_{ij}] \begin{bmatrix} [C] & [R] \\ [R]^T & [K] \end{bmatrix} [\varepsilon_{ij}, w_{ij}]^T \tag{2.2.13}$$

这和式(2.2.1)的表示是一致的。

为了应用准晶的弹性理论，必须确定其位移场和应力场，这就要求建立应变和应力之间的联系，这便是准晶材料的广义胡克定律。从自由能表达式(2.2.1)或式(2.2.13)出发，有

$$\begin{cases} \sigma_{ij} = \dfrac{\partial F}{\partial \varepsilon_{ij}} = C_{ijkl} \varepsilon_{kl} + R_{ijkl} w_{kl} \\[2mm] H_{ij} = \dfrac{\partial F}{\partial w_{ij}} = K_{ijkl} w_{kl} + R_{klij} \varepsilon_{kl} \end{cases} \tag{2.2.14}$$

或者有其矩阵形式

$$\begin{bmatrix} \sigma_{ij} \\ H_{ij} \end{bmatrix} = \begin{bmatrix} [C] & [R] \\ [R]^T & [K] \end{bmatrix} \begin{bmatrix} \varepsilon_{ij} \\ w_{ij} \end{bmatrix} \tag{2.2.15}$$

其中

$$\begin{cases} \begin{bmatrix} \sigma_{ij} \\ H_{ij} \end{bmatrix} = [\sigma_{ij}, H_{ij}]^{\mathrm{T}} \\ \begin{bmatrix} \varepsilon_{ij} \\ w_{ij} \end{bmatrix} = [\varepsilon_{ij}, w_{ij}]^{\mathrm{T}} \end{cases} \quad (2.2.16)$$

关于准晶的弹性常数,类似于经典晶体物理学中的处理方法[38],群表示理论发展成为一种研究准晶对称性的极为重要的理论方法[39-49],它以在一些对称操作之下某些物理量应该满足守恒条件为基本出发点,由此通过严格的论证方式从理论上对准晶中的一些独立弹性常数的个数给出一个精确的解答[41-49]。王仁卉等[42]用群表示理论详细地导出了一维准晶中的点群及空间群个数,给出了各种点群之间的本构关系及弹性常数的个数;杨文革、胡承正[43-48]讨论了二维及三维准晶中的相关情况。他们还将晶体的热力学稳定性推广到准晶中去,由于在实验上已经得到了许多完整的稳定的准晶相,表明以稳定态存在的准晶可以看成一个热力学稳定系统,并可建立一个与之相适应的平衡性能热力学。在这种考虑下,获得了具有电效应、电磁效应、热效应及磁热效应等耦合关系的独立的弹性常数的个数及弹性能密度表达式[49]。同时,他们也比较了五次对称准晶与十次对称准晶的不同[47]。另外,对于某些准晶中独立的弹性常数、光电常数以及压电常数的个数,蒋毅坚等[50,51]也给出了一些讨论。尽管在理论上,各种情况下的准晶弹性常数的个数已经导出,然而,这些弹性常数的测定却相当困难。准晶声子场的弹性常数的实验测定在文献[52-54]中有所介绍,然而相位子场的弹性常数的实验测定并非容易的事,因为相位子弛豫的时间很长[33]。Boissieu 与 Boundard 等人[55,56]对二十面体准晶相 Al-Pd-Mn 用漫散射法测定了相位子场中的两个弹性常数之比,表明当对偶弹性常数等于零时,这两个相位子场中的两个弹性常数之比在 200℃时约为 -0.5,而在 700℃时约为 -0.4。最近,在二维十次对称准晶和三维二十面体准晶中也有很多弹性常数被测量或通过估算得到[57-66]。

准晶材料常数的测定是困难的,但是特别是近几年的实验技术进步改变了这些困难。由于准晶中二十面体和十次对称准晶占大多数,测定所得的数据主要集中于这两种固体相。

对于二十面体准晶,独立的非零声子弹性常数 C_{ij} 分量仅有 λ 和 μ,相位子弹性常数 K_{ij} 仅有 K_1 和 K_2,且声子——相位子耦合弹性常数 R_{ij} 仅有 R。对于最重要的二十面体 Al-Pd-Mn 准晶,测定的数据包括质量密度和相位子场耗散系数为[65-67]

$\rho = 5.1\text{g/cm}^3, \lambda = 74.9, \mu = 72.4(GPa), K_1 = 72\text{MPa}, K_2 = -37\text{MPa},$

$R \approx 0.01\mu,$

$\Gamma_w = 4.8 \times 10^{-19}\text{m}^3 \cdot \text{s/kg} = 4.8 \times 10^{-10}\text{cm}^3 \cdot \mu\text{s/g}$

对于二维十次对称准晶,独立的非零声子弹性常数分量仅有 $C_{11}, C_{33}, C_{44},$ C_{12}, C_{13},和 $C_{66} = (C_{11} - C_{12})/2$,相位子弹性常数仅有 K_1、K_2、K_3,声子—相位子耦合弹性常数仅有 R_1, R_2。对于十次对称 Al-Ni-Co 准晶,测得的数据为[65-67]

$\rho = 4.186\text{g/cm}^3, C_{11} = 234.3, C_{33} = 232.22, C_{44} = 70.19,$

$C_{12} = 57.41, C_{13} = 66.63(GPa)$

则　　　　　　　　　　$R_1 = -1.1, |R_2| < 0.2(GPa)$

对于 K_1、K_2 没有测得的数据(但是可以通过蒙特卡洛模拟获得这些数据),且 Γ_w 能够近似取二十面体准晶相应的值。此外,十次对称 Al-Ni-Co 准晶退火前拉伸力为 $\sigma_c = 450\text{MPa}$,退火后为 $\sigma_c = 550\text{MPa}$。十次对称 Al-Ni-Co 准晶的硬度为 4.10GPa,其断裂韧性为 $(1.0 \sim 1.2)\text{MPa}\sqrt{m}$[68,69]。有了这些基本数据,静态和动态的应力分析计算可以进行。

2.3　边界条件和初始条件的提法

上面的公式为准晶弹性基本法则作了一个描述,也为理论研究和工程应用的实现提供了一个方法,这些公式对于材料内部是成立的,即 $(x, y, z) \in \Omega$,其中 (x, y, z) 表示内部任意一点的坐标,且 Ω 表示材料本身。这些公式能被归纳为一些偏微分方程。为了求解它们,必须要知道场变量在 Ω 的边界 Γ 上的情况,没有边界上的合适信息,所得的解没有任何物理意义。根据实际情况,边界 Γ 由两部分 Γ_t 和 Γ_u 组成,即 $\Gamma=\Gamma_t+\Gamma_u$,在 Γ_t 上给出面力,在 Γ_u 上给出位移。

对于前种情形:

$$\begin{cases} \sigma_{ij}n_j=T_i \\ H_{ij}n_j=h_i \end{cases},(x,y,z)\in\Gamma_t \tag{2.3.1}$$

式中:n_j 表示 Γ 上任一点的外单位法向量;T_i 和 h_i 为面力和广义面力向量,它们为边界上的给定函数。式(2.3.1)称为应力边界条件。

对于后种情形:

$$\begin{cases} u_i=\bar{u}_i \\ w_i=\bar{w}_i \end{cases},(x,y,z)\in\Gamma_u \tag{2.3.2}$$

式中:$\bar{u}_i$ 和 $\bar{w}_i$ 为边界上的已知函数。

式(2.3.2)称为位移边界条件。

如果 $\Gamma=\Gamma_t$(即 $\Gamma_u=0$),在边界条件式(2.3.1)下求解式(2.1.9)、式(2.1.11)、式(2.1.13)和式(2.2.14)称为应力边值问题。而 $\Gamma=\Gamma_u$(即 $\Gamma_t=0$),在边界条件式(2.3.2)下求解式(2.1.9)、式(2.1.11)、式(2.1.13)和式(2.2.14),称为位移边值问题。

如果 $\Gamma=\Gamma_t+\Gamma_u$,同时 $\Gamma_t\neq0,\Gamma_u\neq0$,在边界条件式(2.3.1)和式(2.3.2)下求解式(2.1.9)、式(2.1.11)、式(2.1.13)和式(2.2.14)称为混合边值问题。对于声子晶体,不需要考虑相位子、声子—相位子耦合初始和边界条件。

2.4 复变函数方法在材料弹性理论中应用

经典弹性理论提出以来,被用来解决很多实际中的工程问题,同时在理论方面提出了很多方法,复变函数法就是其中最重要的方法之一。复变函数法对弹性理论的发展起到了极其重要的作用。这种方法可以适用于曲线坐标系,因而在多连通域、较复杂几何形状等问题的求解中得到广泛应用,同时复变函数法为弹性平面理论和断裂力学等问题的解决提供了一种极为重要的途径。在利用复变函数法求解弹性平面问题时,无需预先估计位移和应力的特征,也无需预先构造未知函数的形式,只需履行解法中所包含的数学推演过程,问题就解决了,而且是严格的解析解。在宏观平面断裂问题中,所采用的解析法求解中大部分直接或者间接用到了复变函数理论、保角映射法、Muskhelishvili 方法等,或者以这几种方法结合来解决问题。

弹性力学崇尚于得到严格的解析解,且希望这样的解满足全部方程和边界条件。早期很多著名弹性力学专家竭尽所能,在数学的海洋中寻求完美的解法,从而得到了复变函数在弹性力学中极其成功的应用。早期弹性平面问题中很多重要问题的解都是通过复变函数得到的。这是因为弹性平面问题归结于一个双调和方程,而调和方程、双调和方程与复变函数理论里面的解析函数有着非常密切的联系。

提到弹性平面问题的复变函数法,大多数人认为它是从 20 世纪初期问世的 Muskhelishvili 专著《数学弹性力学的几个基本问题》开始的[70]。但实际上可以追溯到更早期的一些关于边值问题的复变函数求解理论方面的基础性工作。比如一些数学家提出的 H 类或 H^{α} 类($0 < \alpha < 1$)函数在柯西型积分理论的发展中起着举足轻重的作用,以及积分置换公式的提出和将高阶奇异性情形下的积分计算转化为低阶的柯西型积分的计算等。柯西型积分理论上的完善为以后的力学家应用复变函数解决弹性静力学问题奠定了基础。在后来发展起来的固体力学分支——断裂力学中,许多问题都归结于柯西型奇异积分方程的求解。

在 1909 年,俄国数学力学家柯洛索夫(G. V. Kolosov,1867—1936)就应用复变函数法解决了一个外力作用下的带有椭圆孔的无限大薄板的应力分布问题。接着在 1910 年,柯洛索夫在他的论文中给出了系统的用复变函数法解决弹性力学问题的理论,给出了在没有外力作用下的复位移和复应力的一般形式。并且他用一对复解析函数 $\varphi(z)$、$\psi(z)$ 建立与控制方程的关系,即柯洛索夫一般表示(也有人称为 Muskhelishvili 表示或 Airy 表示),这为后来的 Muskhelishvili 理论的发展奠定了基础。

1933 年,Muskhelishvili 专著《数学弹性力学的几个基本问题》问世,此书对弹性力学平面问题的复变函数法进行了较全面的论述,阐述了复变函数法求解弹性平面问题的基本理论并概括了当时的许多新研究成果。在这本书中,Muskhelishvili 成功地给出了许多用其理论解决实际工程中静力学模型的例子,这些例子的结论至今仍然被很好地运用着。但是正如 Muskhelishvili 指出的那样,这种方法具有很大的局限性,要求保角映射必须有理化。

1971 年 A. H. England[71]的《弹性理论中的复变函数》是另外一部采用复变函数来描述弹性力学的著作。此书介绍了平面应力与应变问题的复变函数理论,包括了平面与半平面问题、圆形边界区域及通过保角映射求解曲线边界问题。

弹性力学在 20 世纪 50 年代进入我国。在后来的几十年中,我国的路见可教授对弹性理论复变函数方法的发展做出了很大的贡献。1986 年他所著的《平面弹性复变方法》[72]专著,以及和他的合作者蔡海涛所著的《平面弹性理论的周期问题》[73]代表了自 20 世纪 60 年代以后十多年的我国学者的研究成果。在其专著《平面弹性复变方法》一书中除了关于平面弹性问题化为解析函数边值问题,以及进一步化为积分方程的大体过程的简要介绍外,对一些复杂边界条件如不同材料焊接的第一、第二基本问题进行了论述,也包含对循环对称问题平面问题的介绍与分析。在《平面弹性理论的周期问题》一书中详细地论述了利用复变函数与奇异积分方程对各向同性与异性平面弹性理论的一些周期问题。

在断裂力学建立之后,人们又将复变函数用到研究材料的缺陷(裂纹)上面来。复变函数法或 Muskhelishvili 法是求解二维弹性体断裂问题模型分析解最有效的方法之一。保角映射的引入使得这个方法的优点发挥到极致。保角映射可以将不规则的区域变换为规则的区域,比如单位圆盘或上半平面,这就使得积分曲线变得十分简单,为应用柯西积分公式与解析延拓知识奠定了基础。再后来一些数学力学工作者又引入了超越函数的保角映射,使得 Muskhelishvili 方法在静力学中得到了进一步的发展,在理论上为求解具体的断裂力学问题提供了新的途径。目前保角映射法用于动态断裂力学的情形不是很多见。在求解动态断裂问题的解析解时,多采用傅里叶分析法,这类似于准静态情形,这样复变函数法同样适用。尽管对动态问题分析的范围较窄,而且模型稍显简单,其意义还是很大。

由于准晶的出现,有了前人采用复变函数研究经典弹性的经验,复变函数用来研究准晶的弹性是水到渠成。结合复变函数在平面问题中应用的成功做法而推广到准晶等新型材料相关的力学领域中,如各种晶系的平面和反平面空洞问题、准晶材料的接触问题、采用 Dugdale 模型来模拟准晶非线性变形问题。

下节开始将介绍复变函数法在准晶弹性缺陷问题中的应用。而本书主要介绍复变函数法在准晶复杂弹性缺陷问题和用 Dugdale 模型来模拟准晶非线性变形问题中的应用。

2.5　准晶弹性研究现状

准晶的发现给人们对固体物理结构理解和认识注入了新鲜血液,对凝聚态物质的性质和特征提供了新的信息。目前对准晶的研究已成为凝聚态物理学、晶体学、材料科学、数学和力学及其他相关学科等领域研究热点。许多学者对准晶的数学描述、物理性质,包括电学、光学、磁学、热学、结构等性质及它和其他晶体之间的关系等进行了一系列理论研究和实验分析,取得了令人瞩目的进展。在准晶的物理性质中,准晶的力学性质(如弹性、塑性、缺陷等)也是人们最感兴趣的研究领域之一。目前对于准晶的研究有几个方向。第一,是新型准晶的发现,尤其是稳定的二元准晶;第二,大尺寸准晶单晶的制备,这个是很多物理性质、表面性质研究的基础,因为准晶的组分严格,单晶生长的窗口小,所以做起来比较困难;第三,准晶的结构解析方法的建立;第四,也是很重要的,准晶物理性质的研究和控制,准晶有很多很好的物理性质,但是很难应用,如果能有效地调控这些物理性质,对开发准晶的应用将有很好的指导意义;第五,准晶的表面结构和性质,准晶一些优良的表面性质与其表面结构有着紧密的联系,但是对准晶表面结构的了解还不够,并且准晶作为一种准周期结构的衬底,在上面生长具有准周期结构的薄膜或者纳米结构在物理研究上也是很有意义的。

力学性能是材料的重要性能之一,它直接关系到材料的应用,而弹塑性性质是研究材料力学性质的基础。关于准晶的弹塑性实验和理论研究都取得了相当大的进展(塑性理论研究目前还有所欠缺)。准晶在常温下所具有的脆性表明适宜用弹性理论研究其形变。

正如 Bohsung 和 Trebin 所指出的那样:秩序总是伴随着缺陷的存在,并且由缺陷来解释自己。像晶体结构一样,许多物理性质往往并不取决于原子在晶体结构中的规律性,而恰恰取决于结构中有毛病的那些反常地区,如位错、裂纹等。在晶体结构理论中,位错理论对晶体塑性变形及其机制提供了可靠的理论依据。

准晶结构也是一样,从理论上讲准晶中由于存在准周期平移性和有向性秩序,因此不可避免地存在着典型的结构缺陷,也许正是这种缺陷的存在才使准晶有许许多多新的特征。准晶缺陷的理论研究表明,从这种结构发现的缺陷一开始就受到重视,现已成为研究热点。Levine 等[26]在准晶一发现以后就预测到位错作为准晶的缺陷而存在并讨论了其性质,指出准晶中的刃型位错不可以理解为晶体中的刃型位错那样,是半原子空间的插入或移去而形成的。在准晶位错弹性理论的研究中,De 和 Pecovits 最早给出整个平面内由位错及向错所诱导出的弹性位移场的解答,他们利用迭代法获得了一种平面对称准晶中含有一个位错点时所引起的位移场,并且给出其携带的能量[74]。后来他们还讨论了准晶中含有向位错点时所引起的位移场[75]。虽然他们给出了准晶中的位错弹性场,但由于所用的方法不能直接推广到其他情形,这也是他们工作的局限性。所以,可以说只有到了准晶弹性理论提出以后,求解准晶中位错所导出的弹性场才有所改变。通过准晶弹性理论,利用格林函数法,丁棣华、杨文革等分别获得了某些二维对称准晶以及三维二十面体对称准晶中含特殊的直位错线时的整个位移场。利用 Eshelby 方法，他们也给出了十次、二十次及八次对称准晶中含有特殊的直位错线的弹性场及能量。利用位移函数法将基本控制方程化为一个简单的低维偏微分方程，同样也获得了一些对称准晶中由一个位错引起的弹性场。

尽管准晶中关于位错的理论研究，自准晶一发现后就开始了工作，而且至今已经有了一定的理论结果。然而，准晶中是否真的存在位错一直未被实验证实。只有到了 1989 年，张泽等用透射电子显微镜给出了电子衍射对比分析证实了 $Al_{65}Cu_{20}Co_{15}$ 十次对称准晶中确实存在有两种类型的位错[76]，A 型位错的 Burgers 矢量平行于十次周期方向，而 B 型位错的 Burgers 矢量位于垂直十次轴的二维准周期平面内平行于准周期方向。同时，Devaud-Rzepski 等[77]以及 Ebalard 和 Spanapen 等[78]在一些其他类型准晶中也证实了位错的存在。现在，在许多准晶中也同样发现了位错，这表明位错作为准晶中的缺陷而存在是相当普遍的现象。判定位错存在及确定其 Burgers 矢量的实验方法目前也得到了很大的发展并作了大量的研究，可见文献[79]，如电子衍射、X 射线衍射、中子衍射、聚束电子衍射、高分辨电子显微、隧道扫描显微技术。像晶体中含有刃型位错和螺旋位错一样，在准晶中也发现了"刃型"位错和"螺旋"位错。不仅如此，在准晶中还观察到了位错环[80]、带形缺陷[81]、面缺陷[82,83]，它们可以从几十微米到几百微米，以及许多与晶体类似的现象，像准晶中的位错有时可分裂为两个偏位错[84]，刃型位错形成的小角晶界[85]、孪晶[86,87]和前面所说的塑性变形等现象，对于上述现象的理论解释还在进一步的探索和研究之中[88-93]。物理学家的优势在于他们洞悉准晶的结构，我国武汉大学物理系丁棣华、王仁卉等[94]在此基础上提出了准晶弹性的物理框架。他们还将 Eshelby 等[95]和 Stroh 等[96]的理论直接推广到了准晶直长位错弹性场的计算中，并且发展了格林函数方法。

由于准晶弹性中相位子的出现，使得准晶弹性理论中基本控制微分方程比经典弹性理论中相应的方程要多一倍以上，并且和经典弹性不同，它们是非对称的，从而求解这些控制微分方程的边值问题比经典弹性理论中相应方程的边值问题具有原则性的困难。从以上的介绍可以看出，物理学家虽然提出了准晶弹性物理框架,也给出了少量的解,但是它们不成系统,所使用的求解方法也不具有普遍性。因而,从有了准晶弹性物理框架到发展成准晶数学弹性力学还有一段相当长的路要走,需要把数学物理知识、经典弹性理论以及准晶弹性物理框架有机结合起来,这就要求力学与应用数学工作者的参与。

力学与应用数学工作者在长期的工作实践中积累了求解经典弹性各类边值问题的经验,洞悉有关的数学方法和理论,他们的参与使准晶弹性理论的研究发生了很大的改观。以范天佑为代表的北京理工大学准晶小组在准晶数学弹性理论研究方面迈出了坚实的步伐,主要成果见文献[37],该专著的英文版在德国Springer 出版社出版[20]。范天佑、郭玉翠等[97]首先在准晶弹性理论的研究中引进了应力势函数,把准晶弹性复杂的、数量庞大的方程组化简成少数的几个高阶偏微分方程,进而提出了准晶弹性的分解与叠加原理[98],把准晶弹性问题分解成平面弹性问题和反平面弹性问题,剔除和相位子无关的平凡解,突出了准晶的特点,极大地简化了问题的求解。基于这一思想,李显方、范天佑等[99]系统地发展了准晶平面弹性的位移势函数理论,具体推导了二维五次、八次、十次和十二次对称准晶平面弹性的最终控制方程,取得了突破性的进展,为发展准晶数学弹性理论求解体系奠定了基础[100]。在求解中又系统地发展了傅里叶分析方法,得到了五次、十次对称准晶位错和裂纹问题的精确解(其中裂纹问题的解是首次发现的[101])。周旺民、范天佑等[102,103]继续发展这一方法,获得了八次对称二维准晶位错和裂纹问题的精确分析解。刘官厅、范天佑等[104]发展了一维准晶弹性的分解与叠加原理,通过引入新的位移势函数,建立了包括单斜准晶、正方准晶、四方准晶和六方准晶在内的多种一维准晶系的平面弹性理论,推导了它们的弹性问题的控制方程,求解了一维正方准晶系中平行于准周期方向的无限长直位错的弹性问题,还研究了一维六方准晶中平行位错间的相互作用、裂纹与位错的相互作用以及非周期平面内的椭圆孔口问题[105]。周旺民、范天佑等[106]利用Hankel 变换和对偶积分方程理论求解了立方准晶三维轴对称弹性和裂纹问题,得到了弹性场的解析表达式、应力强度因子、应变能和能量释放率。彭彦泽、范天佑等[107]把一维六方准晶三维弹性问题化简成四个调和方程,用傅里叶级数和 Hankel 变换方法得到了带圆盘状裂纹的一维六方准晶体在任意加载条件下的精确解析解。以上两项工作是迄今获得的为数不多的准晶三维弹性解析解。在一维、二维准晶弹性理论研究的基础上,范天佑、郭丽辉[108]发展了三维二十面体准晶弹性平面问题的位移势函数理论,把涉及其弹性理论的 36 个场方程化简成一个六重调和方程,这是本小组在准晶弹性研究中的又一重大进展。分解与叠加原理的提出以及位移势函数和应力势函数的引进,不仅使复杂而庞大的准晶弹性控制方程组得到戏剧性的化简,并且为使用分离变量法和复变函数法求解奠定了基础。刘官厅、范天佑研究了一维准晶的复变函数方法,他们还利用基于位移势函数的复变函数方法研究了点群 10mm 十次对称二维准晶中受均匀内压的椭圆孔问题[109]。李联和、范天佑引进应力势函数,用复变函数方法,求得了二维准晶[110]和三维准晶[111]的椭圆孔口问题。范天佑、范蕾等[112,113]还用位错理论,求得了一维准晶和二维准晶的塑性解析解,得到了裂纹尖端的塑性区域。本书在上述基础上研究了点群 10、$\overline{10}$ 二维准晶的塑性问题,得到了裂纹尖端的塑性区域、裂纹表面张开位移等一系列有意义的结果。

　　此外,准晶弹性静力学问题数值方法的研究也取得了一些结果。吴祥法、范天佑等[114]发展了准晶弹性变分原理和有限元方法。郭丽辉、范天佑[115]发展了三维准晶弹性边值问题的弱解理论,为数值计算奠定了基础。

　　国内其他小组在准晶数学弹性理论研究方面也取得了可喜的成绩。例如,武汉大学准晶研究小组等获得了十次对称二维准晶的位错解,杨文革等在假设耦合弹性常数为零的情况下获得了三维二十面体准晶含有直位错线时的整个位移场[116]。上海大学的王旭等[117]利用格林函数法研究了具有抛物边界的十次对称二维准晶在外力和位错共同作用下的弹性变形,讨论了沿周期方向穿透十次对称二维准晶的圆弧形裂纹在远处承受均布声子场机械载荷作用下的弹性变形问题[118],还利用复变函数方法研究了十次对称二维准晶内部含有一稳定的线热源情况下的弹性变形问题[119]。浙江大学的陈伟球等[120]基于严格的算子理论,给出了用四个准调和函数表示的一维六方准晶三维弹性问题平衡方程的基本解,并且利用此解获得了应力的表达式,为数值计算奠定了基础。中国农业大学的高阳等[121]研究了一维六方准晶中的板弯曲问题,利用互易定理和基本解获得了精确到任意阶的应力边界条件和混合边界条件,利用广义 Stroh 公式,把一维六方准晶的二维弹性问题转化成在给定区域上全纯向量函数的边值问题进行研究[122]。他们利用算子方法研究了十次对称二维准晶的三维弹性问题,用位移函数给出了基本解的表示,证明了其完备性[123],还研究了十次对称二维准晶中的板弯曲和拉伸问题,利用互易定理和基本解给出了精确到任意阶的应力边界条件、混合边界条件[124]。

对于准晶线弹性,裂纹尖端应力为非奇异的,而且应力超出材料屈服极限的情况是存在的。为了避免这种悖论,Dugdale[125]提出了一个裂纹模型,允许屈服发生,估计出由于外部加载造成的塑性变形区域。到目前为止,Dugdale 模型被广泛应用于各种材料的裂纹模型中,如文献[126-129]。

为了能定量地刻画缺陷对材料所带来的力学性能影响,其中一种有效途径就是利用连续介质力学来分析模拟,可以获得许多模型。例如,位错理论给出了准晶中由一类线缺陷所引起的力学性能的改变及金属范围变形的物理解释;宏观线弹性断裂力学成功地解释了像玻璃一样的高强度、低韧性的非金属脆性固体低应力断裂现象等。上述所说的位错作为线缺陷存在于准晶中,可以求得由位错所引起的弹性场,从而可分析其力学性能影响。另外,许多实验表明准晶中不仅存在着线缺陷而且存在着面缺陷,例如,一种像层错的面缺陷以及准晶中的裂纹传播也在准晶中通过实验被观察,而且由于种种原因固体材料中也不可避免地存在各种宏观和微观缺陷,而这些缺陷对准晶材料的性能影响如何是一个非常重要而又必须回答的问题。众所周知,对准晶结构而言,面缺陷的存在对整个固体材料的影响比线缺陷的影响要大得多,例如裂纹可以看作一系列的位错塞积而成,因而对面缺陷的分析尤为重要。但是,迄今为止,处理像位错这一类的线缺陷已有几种方法,像格林函数法、Eshelby 方法、Stroh 方法、傅里叶方法、复变函数方法等,并且已获得了一些位错由直位错线引起的弹性场的显式表达式。对于准晶中像含面缺陷或宏观缺口的现象的弹性研究并不多见,而往往这些面缺陷(包括裂纹等)的讨论对研究准晶的力学性能影响是十分必要的。而由于准晶弹性理论中涉及的基本方程与经典弹性理论中的控制方程是不同的,从而,这就使得仅在弹性理论的框架下所得的线弹性断裂力学中的所有结论不能直接应用于准晶中的裂纹问题和位错问题,这就导致必须重新研究这类问题。显然,这类问题的研究比线缺陷所对应的弹性问题的研究要更复杂和更困难,它在数学上表现为一类混合边界问题。范天佑等首先研究了一维准晶(例如一维六方准晶)、二维准晶(如点群 10、点群 10mm 的十次对称准晶、十二次对称准晶,八次对称准晶)中含缺陷(包括位错和裂纹)的问题,而三维二十面体准晶,由于控制方程复杂,其缺陷问题几乎没有人研究过。

　　另一方面,从方法上,进一步完善了复变函数方法,将复变函数方法引进来解决准晶弹性问题,得到了很好的结果。首先将复变函数方法引入经典弹性领域的是苏联科学家科罗索夫,是他给出了一对复解析函数 $\varphi(z)$、$\psi(z)$,并且与控制方程联系起来,从此为后来的 Muskhelishvili 理论的发展拉开了序幕。复变函数应用于弹性力学中非常有效源于复解析函数的特点,即利用柯西积分可以由已知的区域边界上的值确定区域内部任意一点的值。利用准晶广义弹性理论提出的变形几何方程、平衡方程和应力—应变关系,原则上可以求解准晶弹性理论中任何弹性问题,包括应力边值问题、位移边值问题及混合边值问题。然而,由于准晶弹性中相位子场的出现,使得准晶弹性理论中基本控制微分方程比经典弹性方程相对应的方程多出一倍以上,从而求解这些方程的边值问题比经典弹性要复杂得多。经典弹性理论的复变函数解法是解决平面弹性及缺陷问题非常有效的方法。但由于准晶弹性问题的控制方程较经典弹性的控制方程具有本质难度,目前有关准晶弹性的复变函数方法只在一些简单的情况下得到应用。因此本书研究了准晶弹性力学问题复变函数方法的基本问题和求解方法,发展了经典弹性理论中 Muskhelishvili 方法,奠定了准晶弹性平面问题的分析计算基础,扩展了准晶弹性平面问题的求解范围,并给出了一些有实用价值的准晶平面弹性问题的解。

2.6 声子晶体理论基础与研究现状

弹性动力学和固体物理中的晶格与能带理论是声子晶体弹性基础,与准晶不同的是,声子晶体只含有声子场,而不含有相位子场。当弹性介质受到外力作用,并不是远处也马上产生位移、应力、应变,而是在作用处产生变形,从而该处的质点产生振动,这中振动通过介质内部的质点传播。这种振动状态在弹性介质中的传播过程,称为弹性波。

先把弹性介质的动力学问题归纳成的 15 个基本方程列出来,这就构成了声子晶体弹性理论基础。

(1)运动微分方程:

$$
\begin{cases}
\dfrac{\partial \sigma_{xx}}{\partial x} + \dfrac{\partial \sigma_{xy}}{\partial y} + \dfrac{\partial \sigma_{xz}}{\partial z} + \rho X = \rho \dfrac{\partial^2 u}{\partial t^2} \\[2mm]
\dfrac{\partial \sigma_{yx}}{\partial x} + \dfrac{\partial \sigma_{yy}}{\partial y} + \dfrac{\partial \sigma_{yz}}{\partial z} + \rho Y = \rho \dfrac{\partial^2 v}{\partial t^2} \\[2mm]
\dfrac{\partial \sigma_{zx}}{\partial x} + \dfrac{\partial \sigma_{zy}}{\partial y} + \dfrac{\partial \sigma_{zz}}{\partial z} + \rho Z = \rho \dfrac{\partial^2 w}{\partial t^2}
\end{cases}
\tag{2.6.1}
$$

或者简写成如下形式:

$$
\sigma_{ij,j} + \rho X_i = \rho \dfrac{\partial^2 u_i}{\partial t^2}
\tag{2.6.2}
$$

(2)几何方程:

$$
\begin{cases}
\varepsilon_{xx} = \dfrac{\partial u}{\partial x}, \varepsilon_{yz} = \dfrac{1}{2}\left(\dfrac{\partial w}{\partial y} + \dfrac{\partial v}{\partial z}\right) \\[2mm]
\varepsilon_{yy} = \dfrac{\partial v}{\partial y}, \varepsilon_{zx} = \dfrac{1}{2}\left(\dfrac{\partial u}{\partial z} + \dfrac{\partial w}{\partial x}\right) \\[2mm]
\varepsilon_{zz} = \dfrac{\partial w}{\partial z}, \varepsilon_{xy} = \dfrac{1}{2}\left(\dfrac{\partial u}{\partial x} + \dfrac{\partial v}{\partial y}\right)
\end{cases}
\tag{2.6.3}
$$

或者简写成如下形式：

$$\varepsilon_{ij} = \frac{1}{2}(u_{i,j} + u_{j,i})$$ (2.6.4)

(3)物理方程：

①用应变表示应力的关系式：

$$\begin{cases} \sigma_{xx} = \lambda\theta + 2\mu\varepsilon_{xx}, \sigma_{yz} = \mu\varepsilon_{yz} \\ \sigma_{yy} = \lambda\theta + 2\mu\varepsilon_{xx}, \sigma_{zx} = \mu\varepsilon_{zx} \\ \sigma_{zz} = \lambda\theta + 2\mu\varepsilon_{zz}, \sigma_{xy} = \mu\varepsilon_{xy} \\ \Theta = (3\lambda + 2\mu)\theta \end{cases}$$ (2.6.5)

或者简写成如下形式：

$$\sigma_{ij} = \lambda\varepsilon_{kk}\delta_{ij} + 2\mu\varepsilon_{ij}, \sigma_{kk} = (3\lambda + 2\mu)\varepsilon_{kk}$$ (2.6.6)

②用应力表示应变的关系式：

$$\begin{cases} \varepsilon_{xx} = \frac{1}{E}[\sigma_{xx} - \nu(\sigma_{yy} + \sigma_{zz})], \varepsilon_{yz} = \frac{2(1+\nu)\sigma_{yz}}{E} \\ \varepsilon_{yy} = \frac{1}{E}[\sigma_{yy} - \nu(\sigma_{zz} + \sigma_{xx})], \varepsilon_{zx} = \frac{2(1+\nu)\sigma_{yx}}{E} \\ \varepsilon_{zz} = \frac{1}{E}[\sigma_{zz} - \nu(\sigma_{xx} + \sigma_{yy})], \varepsilon_{xy} = \frac{2(1+\nu)\sigma_{xy}}{E} \\ \theta = \frac{2(1+\nu)}{E}\Theta \end{cases}$$ (2.6.7)

上面这些方程中位移分量为 $(u, v, w) = (u_x, u_y, u_z)$，应变分量为 $(\sigma_{xx}, \sigma_{yy}, \sigma_{zz}, \sigma_{yz}, \sigma_{zx}, \sigma_{xy})$，应力分量为 $(\varepsilon_{xx}, \varepsilon_{yy}, \varepsilon_{zz}, \varepsilon_{yz}, \varepsilon_{zx}, \varepsilon_{xy})$。在弹性波问题中，通常采用位移法来化简方程。这种方法是取点的位移为基本的未知量，从几何方程（应变—位移）和物理方程（应力—应变）中消去应变，这样从 12 个方程中去掉 6 个方程，得到表示应力—位移关系的 6 个新方程。将新方程代入运动微分方程，得到以位移表示的运动微分方程，即为弹性波波动方程为

$$(\lambda + 2\mu)\nabla(\nabla \cdot \vec{u}) - \mu\nabla \times \nabla \times \vec{u} + \rho\omega^2\vec{u} = 0$$ (2.6.8)

在直角坐标系下，可以写为

$$\frac{\partial^2 u^i}{\partial t^2} = \frac{1}{\rho} \left\{ \frac{\partial}{\partial x_i} (\lambda \frac{\partial u^j}{\partial x_j}) + \frac{\partial}{\partial x_j} \left[\mu (\frac{\partial u^j}{\partial x_i} + \frac{\partial u^i}{\partial x_j}) \right] \right\} \tag{2.6.9}$$

式中:$\vec{u}(\vec{r}, t)$ 是位移矢量;$i, j = x, y, z$;$\lambda(\vec{r})$、$\mu(\vec{r})$ 是 Lame 常数;$\rho(\vec{r})$ 是介质的质量密度。

它们与纵波速度与横波速度的关系为

纵波波速:

$$C_l = \sqrt{\frac{\lambda + 2\mu}{\rho}} \tag{2.6.10}$$

横波波速:

$$C_t = \sqrt{\frac{\mu}{\rho}} \tag{2.6.11}$$

式中:$\nabla = \frac{\partial}{\partial x} i + \frac{\partial}{\partial y} j + \frac{\partial}{\partial z} k$;$i$、$j$、$k$ 表示直角坐标系中的单位向量;x、y、z 为相应的坐标。

在理论方面,Sigalas 和 Economou 用平面波展开法首先计算了以面心立方(FCC)排列的三维声子晶体中能带结构和带隙的存在[130]。在实验方面,Espinosa 等人用纵波在水银/铝组成的二维声子晶体中观察到了完全的声波能带隙的存在[131]。在二维声子晶体中,已有文献报道对固体—固体[132,133-139]、液体(气体)—液体(气体)[140-143]、固体—液体(气体)[144-152] 等二组元复合介质中的能带结构的研究。其中柱体的排列有以正方形排列的[144-152]、有以三角形排列的或有以六边形排列的以及中心矩形等。而采用的柱体的横截面形状大部分是采用圆形的,也有个别是采用正方形。在实验方面也证实了二维声子晶体中能带结构的存在[142-153]。三维周期性复合介质中能带结构的研究目前大部分局限在理论方面的研究。在三维固体—固体[154-160]、固体—液体[160-162] 的声子晶体中均发现了能带结构及带隙的存在。大部分研究的是声子晶体以面心立方 FCC 排列时的能带结构。其次是体心立方 BCC 排列、简立方 SC 排列和金刚石结构的能带结构[163-166]。在声子能带结构的计算方法方面,由于平面波展开法简单明了,可以计算许多结构的能带结构,因而是用得最成功、也是最普遍的方法,无论是在二维情况还是在三维[160,161,163−166]情况中都得到广泛的使用。但是考虑到收敛性问题,在平面波展开法的计算中为了得到一个精确的结果,通常需要采用大量的平面波波数,而又因为计算量几乎与所用平面波的波数立方成正比,这就带来了计算时间与计算准确度之间的矛盾问题。近年来,随着半导体集成电路的进步发展,使得计算机的运行速度不断得到提高,从而缓解了这一矛盾。但对于由固体与液体(气体)组成的声子晶体中,由于在液体和气体中横波速度为零,不能用平面波展开法来计算。另外,由于平面波法假设声子晶体是无限大的,实际上所有声子晶体的大小是有限的,因而使得平面波展开法的计算结果只能是实际有限大小声子晶体的一个近似。而用时域有限差分法(the Finite Difference Time Domain,FDTD)和多重散射理论(Multiple Scattering Theory,MST)就可以克服平面波展开法的缺点。

第3章 一维准晶弹性缺陷问题及其解答

3.1 引言

一维准晶由于其结构相对于其他准晶较简单,是理论和实验科学工作者首当其冲的研究对象。近些年,一维准晶的弹性研究比较成熟。其物理性质,如结构、电、磁等性质已被广泛研究。武汉大学王仁卉、胡承正小组利用群表示理论获得了各种一维准晶的独立弹性常数,给出了它们的广义胡克定律,范天佑、李显方等发展了位移势函数法,采用傅里叶方法研究了点群一维六方准晶的弹性缺陷问题,得到了一些位错和裂纹问题的解析解[37]。刘官厅和范天佑引入新的位移势函数,建立了多种一维准晶的平面弹性理论,获得了它们的最终控制方程[104]。浙江大学陈伟球等采用算子理论给出了用四个准调和函数表示的一维六方准晶三维弹性问题平衡方程的基本解,并且获得了应力表达式[120]。中国农业大学高阳等研究了一维六方准晶中的板弯曲问题,利用互易定理和基本解得到了精确到任意阶的应力边界条件和混合边界条件,同时也研究了其压电效应[121,122]。李翔宇研究了一维准晶的平面裂纹、三维裂纹的非线性变形问题[126,127]。再比如内蒙古师范大学刘官厅、李联和小组近些年获得了一维准晶的许多精确解析解[174]。范天佑教授专门研究了一维各种准晶系的弹性问题,总结也非常全面,读者可以参考文献[37]。

由于准晶中存在相位子场,其力学性能必然和经典弹性材料不同,而这又是研究这种新材料的物理和力学行为不可避免的。因此在研究其缺陷问题的时候,准晶的研究将会很复杂。本章基于一维六方准晶的弹性问题的数学公式,采用复变函数方法得到了中心裂纹问题的解答,在第 6 章将结合相关经典模型,对其非线性变形做初步探讨。关于一维准晶研究的文献现在很多,感兴趣的读者可以查阅相关资料。

3.2　一维六方准晶三维弹性及其化简

由第一章的准晶弹性变形知识与文献[37]和[174],对于一维准晶(包括六方准晶),声子场位移有三个唯一分量 u_x, u_y, u_z,而相位子场位移仅仅只有一个分量 w_z,另外两个分量为零。因此一维准晶弹性问题的几何方程为

$$\varepsilon_{xx} = \frac{\partial u_x}{\partial x}, \varepsilon_{yy} = \frac{\partial u_y}{\partial y}, \varepsilon_{zz} = \frac{\partial u_z}{\partial z} \tag{3.2.1}$$

$$\varepsilon_{yz} = \varepsilon_{zy} = \frac{1}{2}\left(\frac{\partial u_z}{\partial y} + \frac{\partial u_y}{\partial z}\right) \tag{3.2.2}$$

$$\varepsilon_{zx} = \varepsilon_{xz} = \frac{1}{2}\left(\frac{\partial u_z}{\partial x} + \frac{\partial u_x}{\partial z}\right) \tag{3.2.3}$$

$$\varepsilon_{xy} = \varepsilon_{yx} = \frac{1}{2}\left(\frac{\partial u_x}{\partial y} + \frac{\partial u_y}{\partial x}\right) \tag{3.2.4}$$

$$w_{zx} = \frac{\partial w_z}{\partial x}, w_{zy} = \frac{\partial w_z}{\partial y}, w_{zz} = \frac{\partial w_z}{\partial z} \tag{3.2.5}$$

式中:ε_{ij} 表示声子场的应变;w_{ij} 表示相位子场的应变。

现在来看一维六方准晶的广义胡克定律。

首先,做如下的简化,将上面变形几何方程中的应变与应力采用向量表示,即

$$[\varepsilon_{xx}, \varepsilon_{yy}, \varepsilon_{zz}, 2\varepsilon_{yz}, 2\varepsilon_{zx}, 2\varepsilon_{xy}, w_{zz}, w_{zx}, w_{zy}] \tag{3.2.6a}$$

$$[\sigma_{xx}, \sigma_{yy}, \sigma_{zz}, \sigma_{yz}, \sigma_{zx}, \sigma_{xy}, H_{zz}, H_{zx}, H_{zy}] \tag{3.2.6b}$$

注意到一维六方准晶中声子场有五个独立的弹性常数,相位子场有两个独立的弹性常数,声子场—相位子场耦合有三个独立的弹性常数;将声子场弹性常数 C_{ijkl}、相位子场弹性常数 K_{ijkl} 以及声子场—相位子场耦合弹性常数 R_{ijkl} 中的

四个指标采用两个指标的形式表示,即

$$C_{1111}=C_{2222}=C_{11}, C_{12}=C_{1122}, C_{33}=C_{3333}, C_{44}=C_{2323}=C_{3131}, C_{13}=C_{1133}=$$

$$C_{2233}, C_{66}=\frac{C_{11}-C_{12}}{2}, K_1=K_{3333}, K_2=K_{3131}=K_{3232}, R_1=R_{1133}=R_{2233}, R_2=$$

$$R_{3333}, R_3=R_{2332}=R_{3131}$$

那么一维六方准晶相应的广义胡克定律为[37]

$$
\begin{cases}
\sigma_{xx}=C_{11}\varepsilon_{xx}+C_{12}\varepsilon_{yy}+C_{13}\varepsilon_{zz}+R_1w_{zz} \\
\sigma_{yy}=C_{12}\varepsilon_{xx}+C_{11}\varepsilon_{yy}+C_{13}\varepsilon_{zz}+R_1w_{zz} \\
\sigma_{zz}=C_{13}\varepsilon_{xx}+C_{13}\varepsilon_{yy}+C_{33}\varepsilon_{zz}+R_2w_{zz} \\
\sigma_{zy}=\sigma_{yz}=2C_{44}\varepsilon_{zy}+R_3w_{zy} \\
\sigma_{zx}=\sigma_{xz}=2C_{44}\varepsilon_{zx}+R_3 \\
\sigma_{xy}=\sigma_{yx}=2C_{44}\varepsilon_{xy} \\
H_{zz}=R_1(\varepsilon_{xx}+\varepsilon_{yy})+R_2\varepsilon_{zz}+K_1w_{zz} \\
H_{zx}=2R_3\varepsilon_{zx}+K_2w_{zx} \\
H_{zy}=2R_3\varepsilon_{zy}+K_2w_{zy}
\end{cases}
\tag{3.2.7}
$$

不考虑体力,平衡方程为

$$\frac{\partial \sigma_{xx}}{\partial x}+\frac{\partial \sigma_{xy}}{\partial y}+\frac{\partial \sigma_{xz}}{\partial z}=0, \frac{\partial \sigma_{yx}}{\partial x}+\frac{\partial \sigma_{yy}}{\partial y}+\frac{\partial \sigma_{yz}}{\partial z}=0 \tag{3.2.8a}$$

$$\frac{\partial \sigma_{zx}}{\partial x}+\frac{\partial \sigma_{zy}}{\partial y}+\frac{\partial \sigma_{zz}}{\partial z}=0, \frac{\partial H_{zx}}{\partial x}+\frac{\partial H_{zy}}{\partial y}+\frac{\partial H_{zz}}{\partial z}=0 \tag{3.2.8b}$$

式中:σ_{ij}表示声子场的应力;H_{ij}表示相位子场的应力。

我们能发现,对于最简单的一维准晶,其弹性平衡方程比经典弹性里面的三维问题更加复杂。里面有 4 个位移量、9 个应变和 9 个应力,即有 22 个场变量,相应的场方程也是 22 个,其中包括 4 个平衡方程、9 个变形几何方程和 9 个应力—应变方程。这些庞大的变量和方程,求解起来当然是非常复杂的。与经典弹性类似,研究其中的一些特殊问题。

当一维六方准晶中存在一个直位错或裂纹穿透原子准周期排列方向时,所

有的场变量与 z 无关,即

$$\frac{\partial}{\partial z}=0 \tag{3.2.9}$$

那么就有

$$\frac{\partial u_i}{\partial z}=0,\frac{\partial w_z}{\partial z}=0,i=1,2,3 \tag{3.2.10}$$

立即就能得到应变分量如下:

$$\varepsilon_{zz}=w_{zz}=0,\varepsilon_{yz}=\varepsilon_{zy}=\frac{1}{2}\frac{\partial u_z}{\partial y},\varepsilon_{zx}=\varepsilon_{xz}=\frac{1}{2}\frac{\partial u_z}{\partial x} \tag{3.2.11}$$

平衡方程也会化为

$$\frac{\partial \sigma_{ij}}{\partial z}=0,\frac{\partial H_{ij}}{\partial z}=0,i=1,2,3 \tag{3.2.12}$$

同时广义胡克定律简化为

$$\begin{cases}\sigma_{xx}=C_{11}\varepsilon_{xx}+C_{12}\varepsilon_{yy} \\ \sigma_{yy}=C_{12}\varepsilon_{xx}+C_{11}\varepsilon_{yy} \\ \sigma_{xy}=\sigma_{yx}=2C_{66}\varepsilon_{xy} \\ \sigma_{zz}=C_{13}\varepsilon_{xx}+C_{13}\varepsilon_{yy} \\ \sigma_{zy}=\sigma_{yz}=2C_{44}\varepsilon_{zy}+R_3 w_{zy} \\ \sigma_{zx}=\sigma_{xz}=2C_{44}\varepsilon_{zx}+R_3 w_{zx} \\ H_{zz}=R_1(\varepsilon_{xx}+\varepsilon_{yy}) \\ H_{zx}=2R_3\varepsilon_{zx}+K_2 w_{zx} \\ H_{zy}=2R_3\varepsilon_{zy}+K_2 w_{zy}\end{cases} \tag{3.2.13}$$

平衡方程简化为

$$\frac{\partial \sigma_{xx}}{\partial x}+\frac{\partial \sigma_{xy}}{\partial y}=0,\frac{\partial \sigma_{yx}}{\partial x}+\frac{\partial \sigma_{yy}}{\partial y}=0 \tag{3.2.14a}$$

$$\frac{\partial \sigma_{zx}}{\partial x}+\frac{\partial \sigma_{zy}}{\partial y}=0,\frac{\partial H_{zx}}{\partial x}+\frac{\partial H_{zy}}{\partial y}=0 \tag{3.2.14b}$$

因此,可以将一维六方准晶的三维问题简化为如下两个问题。

问题 1

$$\varepsilon_{xx}=\frac{\partial u_x}{\partial x},\varepsilon_{yy}=\frac{\partial u_y}{\partial y},\varepsilon_{xy}=\varepsilon_{yx}=\frac{1}{2}(\frac{\partial u_x}{\partial y}+\frac{\partial u_y}{\partial x}) \tag{3.2.15a}$$

$$\sigma_{xx}=C_{11}\varepsilon_{xx}+C_{12}\varepsilon_{yy},\sigma_{yy}=C_{12}\varepsilon_{xx}+C_{11}\varepsilon_{yy} \tag{3.2.15b}$$

$$\sigma_{xy}=\sigma_{yx}=2C_{66}\varepsilon_{xy},\sigma_{zz}=C_{13}\varepsilon_{xx}+C_{13}\varepsilon_{yy},H_{zz}=R_1(\varepsilon_{xx}+\varepsilon_{yy})$$
$$\tag{3.2.15c}$$

$$\frac{\partial \sigma_{xx}}{\partial x}+\frac{\partial \sigma_{xy}}{\partial y}=0,\frac{\partial \sigma_{yx}}{\partial x}+\frac{\partial \sigma_{yy}}{\partial y}=0 \tag{3.2.15d}$$

这个问题如果采用应力函数方法,其最终控制方程是双调和方程,这是经典弹性平面问题,已经得到了解决,大家可以参考文献[37]。

问题 2

$$\varepsilon_{zx}=\frac{1}{2}\frac{\partial u_z}{\partial x},\varepsilon_{zy}=\frac{1}{2}\frac{\partial u_z}{\partial y},w_{zx}=\frac{\partial w_z}{\partial x},w_{zy}=\frac{\partial w_z}{\partial y} \tag{3.2.16a}$$

$$\sigma_{zx}=\sigma_{xz}=2C_{44}\varepsilon_{zx}+R_3 w_{zx} \tag{3.2.16b}$$

$$\sigma_{zy}=\sigma_{yz}=2C_{44}\varepsilon_{zy}+R_3 w_{zy} \tag{3.2.16c}$$

$$\frac{\partial \sigma_{zx}}{\partial x}+\frac{\partial \sigma_{zy}}{\partial y}=0,\frac{\partial H_{zx}}{\partial x}+\frac{\partial H_{zy}}{\partial y}=0 \tag{3.2.16d}$$

这是一维六方准晶中声子场和相位子场耦合的反平面弹性问题。

因此上述问题可以化成一个普通晶体的平面弹性问题和一个声子场-相位子场耦合的反平面弹性问题的叠加。

一维六方准晶中的反平面问题是这种准晶系重要的一种问题,本章只研究反平面中的缺陷问题,很容易观察到这些方程中只有声子场位移分量 u_z 和相位子位移分量 w_z,将变形几何方程代入广义胡克定律,然后代入平衡方程中,能得到如下的方程:

$$C_{44}\nabla^2 u_z+R_3 \nabla^2 w_z=0, R_3 \nabla^2 u_z+K_2 \nabla^2 w_z=0 \tag{3.2.17}$$

式中: $\nabla^2=\frac{\partial^2}{\partial x^2}+\frac{\partial^2}{\partial y^2}$ 为二维拉普拉斯算子。

在准晶中有 $C_{44}K_2\neq R_3{}^2$,便得

$$\nabla^2 u_z = 0, \nabla^2 w_z = 0 \tag{3.2.18}$$

这说明声子场位移分量 u_z 和相位子场位移分量 w_z 都是二维调和函数。

众所周知，调和函数 u_z 和 w_z 可以用任何一个解析函数的实部或者虚部来表示，即

$$u_z(x,y) = \mathrm{Re}(\varphi(t)), w_z(x,y) = \mathrm{Re}(\varphi(t)) \tag{3.2.19}$$

或

$$u_z(x,y) = \mathrm{Im}(\varphi(t)), w_z(x,y) = \mathrm{Im}(\varphi(t)) \tag{3.2.20}$$

式中：符号 Re 表示复函数的实部；符号 Im 表示复函数的虚部。

如果我们知道一维六方准晶反平面问题的边界条件，采用复变函数方法，那么就能够求出这两个解析函数，因此其他所有的场变量都能由这两个解析函数表示出来。下面来看这些场变量用这两个解析函数的具体表达式。

(1)当调和函数 u_z 和 w_z 用两个解析函数的实部来表示时：

引入复变量

$$t = x + iy \ (= x_1 + ix_2), i = \sqrt{-1} \tag{3.2.21}$$

由复变函数的知识可知，$u_z(x,y)$ 和 $w_z(x,y)$ 是调和函数，它们可以表示成复变量 t 的任意解析函数 $\varphi(t)$ 和 $\varphi(t)$ 的实部或虚部，可以简称 $\varphi(t)$ 和 $\varphi(t)$ 为复势。这里假设

$$u_z(x,y) = \mathrm{Re}(\varphi(t)), w_z(x,y) = \mathrm{Re}(\varphi(t)) \tag{3.2.22}$$

其中，符号 Re 表示复函数的实部。

当函数 $F(t)$ 为解析函数，则有

$$\frac{\partial F(t)}{\partial x} = \frac{\partial F(t)}{\partial t}, \ \frac{\partial F(t)}{\partial y} = i\frac{\partial F(t)}{\partial t} \tag{3.2.23}$$

此外，还有 Cauchy-Riemann 关系：

$$\frac{\partial(\mathrm{Re}F(t))}{\partial x} = \frac{\partial(\mathrm{Im}F(t))}{\partial y}, \ \frac{\partial(\mathrm{Re}F(t))}{\partial y} = -\frac{\partial(\mathrm{Im}F(t))}{\partial x} \tag{3.2.24}$$

由关系式(3.2.23)、式(3.2.22)和式(3.2.16)有

$$
\begin{cases}
\sigma_{yz}=\sigma_{zy}=C_{44}\dfrac{\partial}{\partial y}\mathrm{Re}(\phi(t))+R_3\dfrac{\partial}{\partial y}\mathrm{Re}(\varphi(t)) \\[4mm]
\sigma_{zx}=\sigma_{xz}=C_{44}\dfrac{\partial}{\partial x}\mathrm{Re}(\phi(t))+R_3\dfrac{\partial}{\partial x}\mathrm{Re}(\varphi(t)) \\[4mm]
H_{zx}=K_2\dfrac{\partial}{\partial x}\mathrm{Re}(\phi(t))+R_3\dfrac{\partial}{\partial x}\mathrm{Re}(\phi(t)) \\[4mm]
H_{zx}=K_2\dfrac{\partial}{\partial y}\mathrm{Re}(\phi(t))+R_3\dfrac{\partial}{\partial y}\mathrm{Re}(\phi(t))
\end{cases}
\tag{3.2.25}
$$

利用 Cauchy-Riemann 关系式(3.2.24),上述方程可以写为

$$
\begin{cases}
\sigma_{zx}-i\sigma_{zy}=C_{44}\phi'(t)+R_3\phi'(t) \\[2mm]
H_{zx}-iH_{zy}=K_2\varphi'(t)+R_3\phi'(t)
\end{cases}
\tag{3.2.26}
$$

其中:$\phi'(t)=\dfrac{d}{dt}(\phi(t))$,$\phi'(t)=\dfrac{d}{dt}(\phi(t))$。

根据式(3.2.26),有

$$
\begin{cases}
\sigma_{yz}=\sigma_{zy}=-\mathrm{Im}(C_{44}\phi'_1+R_3\varphi'_1) \\[2mm]
H_{zy}=-\mathrm{Im}(K_2\varphi'_1+R_3\phi'_1)
\end{cases}
\tag{3.2.27}
$$

对任意复函数 $F(t)$,其虚部为

$$
\mathrm{Im}F(t)=\frac{1}{2i}(F-\bar{F})
\tag{3.2.28}
$$

其中:$\bar{F}$ 代表 F 的复共轭。所以式(3.2.27)可以写为

$$
\begin{cases}
\sigma_{yz}=\sigma_{zy}=\dfrac{1}{2i}\,[C_{44}(\phi'_1+\bar{\phi}'_1)+R_3(\Psi'_1+\bar{\Psi}'_1)]+\tau_1 \\[4mm]
H_{zy}=\dfrac{1}{2i}\,[K_2(\Psi'_1-\bar{\Psi}'_1)+R_3(\phi'_1-\bar{\phi}'_1)]+\tau_2
\end{cases}
\tag{3.2.29}
$$

(2)当调和函数 u_z 和 w_z 用两个解析函数的虚部来表示时:

这里假设

$$
u_z=\mathrm{Im}(\phi(t))\,,\ w_z=\mathrm{Im}(\varphi(t))
\tag{3.2.30}
$$

其中,符号 Im 表示复函数的虚部。

上述关系式(3.2.23)和 Cauchy-Riemann 关系式(3.2.24)依然成立。

由关系式(3.2.23)、式(3.2.30)和式(3.2.16)有

$$
\begin{cases}
\sigma_{zx} = \sigma_{xz} = C_{44} \dfrac{\partial}{\partial x}[\mathrm{Im}\phi(t)] + R_3 \dfrac{\partial}{\partial x}[\mathrm{Im}\varphi(t)] \\[2mm]
\sigma_{zy} = \sigma_{yz} = C_{44} \dfrac{\partial}{\partial y}[\mathrm{Im}\phi(t)] + R_3 \dfrac{\partial}{\partial y}[\mathrm{Im}\varphi(t)] \\[2mm]
H_{zx} = K_2 \dfrac{\partial}{\partial x}[\mathrm{Im}\varphi(t)] + R_3 \dfrac{\partial}{\partial x}[\mathrm{Im}\phi(t)] \\[2mm]
H_{zy} = K_2 \dfrac{\partial}{\partial y}[\mathrm{Im}\varphi(t)] + R_3 \dfrac{\partial}{\partial y}[\mathrm{Im}\phi(t)]
\end{cases}
\tag{3.2.31}
$$

利用 Cauchy-Riemann 关系式(3.2.24),上述方程可以写为

$$
\begin{cases}
\sigma_{zy} + i\sigma_{zx} = C_{44}\phi'(t) + R_3\varphi'(t) \\[2mm]
H_{zy} + iH_{zx} = R_3\phi'(t) + K_2\varphi'(t)
\end{cases}
\tag{3.2.32}
$$

其中:$\phi'(t) = \dfrac{d}{dt}(\phi(t)), \varphi'(t) = \dfrac{d}{dt}(\varphi(t))$。

对任意复函数 $F(t)$,其实部可以表示为

$$
\mathrm{Re}(F(t)) = \frac{1}{2}(F(t) + \overline{F(t)})
\tag{3.2.33}
$$

式中:$\overline{F(t)}$ 代表 $F(t)$ 的复共轭。所以式(3.2.32)可以写为

$$
\begin{cases}
\sigma_{zy} = \dfrac{1}{2}[C_{44}(\phi'(t) + \overline{\phi'(t)}) + R_3(\varphi'(t) + \overline{\varphi'(t)})] + \tau_1 \\[2mm]
H_{zy} = \dfrac{1}{2}[R_3(\phi'(t) + \overline{\phi'(t)}) + K_2(\varphi'(t) + \overline{\varphi'(t)})] + \tau_2
\end{cases}
\tag{3.2.34}
$$

3.3　一维六方准晶反平面问题中的 Griffith 裂纹

下面声子场和相位子场的位移都用解析函数的虚部表示,求解一维六方准晶反平面问题中的 Griffith 裂纹问题,获取相应的结果。

如图 3.1 所示,假设一 Griffith 裂纹穿透一维六方准晶的准周期对称轴方向(z 方向),受外应力 $\sigma_{yz}^{(\infty)} = \tau_1$ 和/或 $H_{zy}^{(\infty)} = \tau_2$ 作用,这种变形又称为纵向剪切。显然,裂纹的几何不随 z 变化。在这种情况下,所有的场变量也不随 z 变化。

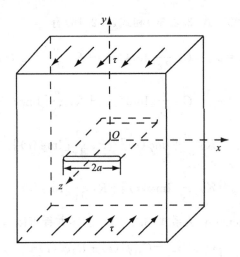

图 3.1　受纵向剪切的 Griffith 裂纹（对于声子场 $\tau=\tau_1$，对于相位子场 $\tau=\tau_2$）

　　此问题可以化成一个普通晶体的平面弹性问题和一个声子场—相位子场耦合的反平面弹性问题的叠加。普通晶体的平面弹性问题已由经典弹性理论作了充分研究，其裂纹问题也已由断裂理论作了研究，这里不再介绍。声子场—相位子场耦合的反平面弹性问题由下列方程组描写：

$$\begin{cases} \sigma_{yz}=\sigma_{zy}=2C_{44}\varepsilon_{yz}+R_3w_{zy} \\[2mm] \sigma_{zx}=\sigma_{xz}=2C_{44}\varepsilon_{zx}+R_3w_{zx} \\[2mm] H_{zy}=K_2w_{zy}+2R_3\varepsilon_{zy} \\[2mm] H_{zx}=K_2w_{zx}+2R_3\varepsilon_{zx} \end{cases} \tag{3.3.1}$$

$$\begin{cases} \varepsilon_{yz}=\varepsilon_{zy}=\dfrac{1}{2}\dfrac{\partial u_z}{\partial y} \\[4mm] \varepsilon_{zx}=\varepsilon_{xz}=\dfrac{1}{2}\dfrac{\partial u_z}{\partial x} \\[4mm] w_{zy}=\dfrac{\partial w_z}{\partial y} \\[4mm] w_{zx}=\dfrac{\partial w_z}{\partial x} \end{cases} \tag{3.3.2}$$

$$\frac{\partial \sigma_{zx}}{\partial x} + \frac{\partial \sigma_{zy}}{\partial y} = 0, \frac{\partial H_{zx}}{\partial x} + \frac{\partial H_{zy}}{\partial y} = 0 \tag{3.3.3}$$

由前述推导表明,上述方程组可以化为

$$\nabla^2 u_z = 0, \nabla^2 w_z = 0 \tag{3.3.4}$$

其中:$\nabla^2 = \dfrac{\partial^2}{\partial x^2} + \dfrac{\partial^2}{\partial y^2}$。

图 3.1 表明反平面问题的 Griffith 裂纹问题具有如下的边界条件:

$$\begin{cases} \sqrt{x^2 + y^2} \to \infty : \sigma_{yz} = \tau_1, H_{zy} = \tau_2, \sigma_{zx} = H_{zx} = 0 \\ y = 0, |x| < a : \sigma_{yz} = 0, H_{zy} = 0 \end{cases} \tag{3.3.5}$$

式中:a 代表裂纹长度的 $1/2$。

弹性理论分析的结果表明,如果准晶在远处不受外应力,而在裂纹表面受 $\sigma_{yz} = \tau_1$ 和 $H_{zy} = -\tau_2$ 作用,边界条件为

$$\begin{cases} \sqrt{x^2 + y^2} \to \infty : \sigma_{yz} = \sigma_{zx} = H_{zx} = H_{zy} = 0 \\ y = 0, |x| < a : \sigma_{yz} = -\tau_1, H_{zy} = -\tau_2 \end{cases} \tag{3.3.6}$$

这里裂纹面上的相位子场应力 τ_2 只是从物理角度的一个假设,它的具体测量值目前还没有报道。也可以简单地假设 $\tau_2 = 0$。

下面先用复变函数方法求解边值问题式(3.3.4)和式(3.3.5)。为此引入复变量:

$$t = x + iy = re^{i\theta}, i = \sqrt{-1} \tag{3.3.7}$$

由式(3.3.4)可知,$u_z(x, y)$ 和 $w_z(x, y)$ 是调和函数,它们可以表示成复变量 t 的任意解析函数 $\phi(t)$ 和 $\varphi(t)$ 的实部或虚部,可以简称这两个函数为复势。这里假设

$$u_z = \mathrm{Im}(\phi(t)), w_z = \mathrm{Im}(\varphi(t)) \tag{3.3.8}$$

其中,符号 Im 表示复数的虚部。

明显地,有式(3.2.34)成立,如果采用 L 表示裂纹表面,那么边界条件能写为

$$\begin{cases} C_{44}(\phi'(t)+\overline{\phi'(t)})+R_3(\varphi'(t)+\overline{\varphi'(t)})=-2\tau_1 \\ R_3(\phi'(t)+\overline{\phi'(t)})+K_2(\varphi'(t)+\overline{\varphi'(t)})=-2\tau_2 \end{cases}$$ (3.3.9)

该问题直接在物理平面上求解是复杂的,这里采用下列保角变换:

$$t=\omega(\zeta)=\frac{a}{2}\left(\zeta+\frac{1}{\zeta}\right)$$ (3.3.10)

将带有 Griffith 裂纹的材料变换到映射平面 ζ($\zeta=\xi+i\eta=\rho e^{i\vartheta}$)上的单位圆 γ 内部,相应地裂纹表面 L 变换为单位圆 γ。

在单位圆 γ 上,$\zeta=\sigma=e^{i\vartheta}$。另外,在保角变换的作用下,未知函数 $\varphi(t)$ 和 $\varphi(t)$ 及其导函数可以用下列函数来表示:

$$\varphi(t)=\varphi[\omega(\zeta)]=\varphi(\zeta),\varphi(t)=\varphi[\omega(\zeta)]=\varphi(\zeta)$$ (3.3.11a)

$$\varphi'(t)=\frac{\varphi'(\zeta)}{\omega'(\zeta)},\ \varphi'(t)=\frac{\varphi'(\zeta)}{\omega'(\zeta)}$$ (3.3.11b)

对于式(3.3.9),在映射平面上对方程两边同时乘以 $\dfrac{1}{2\pi i}\dfrac{d\sigma}{\sigma-\zeta}$,然后沿着单位圆 γ 积分,得

$$\begin{cases} \dfrac{C_{44}}{2\pi i}\displaystyle\int_\gamma \dfrac{\varphi'(\sigma)d\sigma}{\sigma-\zeta}+\dfrac{C_{44}}{2\pi i}\int_\gamma \dfrac{\omega'(\sigma)}{\omega'(\sigma)}\dfrac{\overline{\varphi'(\sigma)}d\sigma}{\sigma-\zeta}+\dfrac{R_3}{2\pi i}\int_\gamma \dfrac{\varphi'(\sigma)d\sigma}{\sigma-\zeta}+\dfrac{R_3}{2\pi i}\int_\gamma \dfrac{\omega'(\sigma)}{\omega'(\sigma)}\dfrac{\overline{\varphi'(\sigma)}d\sigma}{\sigma-\zeta}= \\ -\dfrac{\tau_1}{\pi i}\displaystyle\int_\gamma \dfrac{\omega'(\sigma)d\sigma}{\sigma-\zeta} \\ \dfrac{R_3}{2\pi i}\displaystyle\int_\gamma \dfrac{\varphi'(\sigma)d\sigma}{\sigma-\zeta}+\dfrac{R_3}{2\pi i}\int_\gamma \dfrac{\omega'(\sigma)}{\omega'(\sigma)}\dfrac{\overline{\varphi'(\sigma)}d\sigma}{\sigma-\zeta}+\dfrac{K_2}{2\pi i}\int_\gamma \dfrac{\varphi'(\sigma)d\sigma}{\sigma-\zeta}+\dfrac{K_2}{2\pi i}\int_\gamma \dfrac{\omega'(\sigma)}{\omega'(\sigma)}\dfrac{\overline{\varphi'(\sigma)}d\sigma}{\sigma-\zeta}= \\ -\dfrac{\tau_2}{\pi i}\displaystyle\int_\gamma \dfrac{\omega'(\sigma)d\sigma}{\sigma-\zeta} \end{cases}$$

(3.3.12)

利用 Cauchy 积分公式,有

$$\frac{1}{2\pi i}\int_\gamma \frac{\varphi'(\sigma)}{\sigma-\zeta}d\sigma=\varphi'(\zeta),\frac{1}{2\pi i}\int_\gamma \frac{\varphi'(\sigma)}{\sigma-\zeta}d\sigma=\varphi'(\zeta)$$ (3.3.13a)

$$\frac{1}{2\pi i}\int_\gamma \frac{\omega'(\sigma)}{\omega'(\sigma)}\frac{\overline{\varphi'(\sigma)}}{\sigma-\zeta}d\sigma=0,\frac{1}{2\pi i}\int_\gamma \frac{\omega'(\sigma)}{\omega'(\sigma)}\frac{\overline{\varphi'(\sigma)}}{\sigma-\zeta}d\sigma=0$$ (3.3.13b)

$$\frac{1}{2\pi i}\int_\gamma \frac{\omega'(\sigma)}{\sigma-\zeta}d\sigma=\frac{a}{2} \tag{3.3.13c}$$

最后能求得两个复势函数为

$$\varphi'(\zeta)=\frac{R_3\tau_2-K_2\tau_1}{C_{44}K_2-R_3{}^2}a,\quad \varphi'(\zeta)=\frac{R_3\tau_1-C_{44}\tau_2}{C_{44}K_2-R_3{}^2}a \tag{3.3.14}$$

对式(3.3.14)积分得

$$\varphi(\zeta)=\frac{R_3\tau_2-K_2\tau_1}{C_{44}K_2-R_3{}^2}a\zeta,\quad \varphi(\zeta)=\frac{R_3\tau_1-C_{44}\tau_2}{C_{44}K_2-R_3{}^2}a\zeta \tag{3.3.15}$$

现在将解转换到物理平面上来,根据保角变换的逆变换:

$$\zeta=\omega^{-1}(t)=\frac{t}{a}-\sqrt{\left(\frac{t}{a}\right)^2-1} \tag{3.3.16}$$

很明显,$|t|=\infty$对应于$\zeta=0$,然后将式(3.3.16)代入式(3.3.15)得

$$\begin{cases} \varphi(t)=\dfrac{R_3\tau_2-K_2\tau_1}{C_{44}K_2-R_3{}^2}\left(t-\sqrt{t^2-a^2}\right) \\[3mm] \varphi(t)=\dfrac{R_3\tau_1-C_{44}\tau_2}{C_{44}K_2-R_3{}^2}\left(t-\sqrt{t^2-a^2}\right) \end{cases} \tag{3.3.17}$$

因此,这两个复势函数的导函数为

$$\begin{cases} \varphi'(t)=\dfrac{R_3\tau_2-K_2\tau_1}{C_{44}K_2-R_3{}^2}\left(1-\dfrac{t}{\sqrt{t^2-a^2}}\right) \\[4mm] \varphi'(t)=\dfrac{R_3\tau_1-C_{44}\tau_2}{C_{44}K_2-R_3{}^2}\left(1-\dfrac{t}{\sqrt{t^2-a^2}}\right) \end{cases} \tag{3.3.18}$$

将式(3.3.18)代入式(3.2.32)得

$$\begin{cases} \sigma_{zy}+i\sigma_{zx}=\dfrac{t\tau_1}{\sqrt{t^2-a^2}} \\[4mm] H_{zy}+iH_{zx}=\dfrac{t\tau_2}{\sqrt{t^2-a^2}} \end{cases} \tag{3.3.19}$$

与文献[37]类似,如果把式(3.3.19)分离实虚部就可以得到各个应力分量
的表达式:

$$\begin{cases} \sigma_{xz}=\sigma_{zx}=\dfrac{\tau_1 r}{(r_1 r_2)^{1/2}}\sin\left(\theta-\dfrac{1}{2}\theta_1-\dfrac{1}{2}\theta_2\right) \\[4mm] \sigma_{yz}=\sigma_{zy}=\dfrac{\tau_1 r}{(r_1 r_2)^{1/2}}\cos\left(\theta-\dfrac{1}{2}\theta_1-\dfrac{1}{2}\theta_2\right) \end{cases} \tag{3.3.20}$$

其中

$$t=re^{i\theta},\ t-a=r_12e^{i\theta_1},\ t+a=r_22e^{i\theta_2} \tag{3.3.21}$$

或

$$\begin{cases} r=\sqrt{x^2+y^2},\ r_1=\sqrt{(x-a)^2+y^2},\ r_2=\sqrt{(x+a)^2+y^2} \\[3mm] \theta=\arctan\left(\dfrac{y}{x}\right),\ \theta_1=\arctan\left(\dfrac{y}{x-a}\right),\ \theta_2=\arctan\left(\dfrac{y}{x+a}\right) \end{cases} \tag{3.3.22}$$

相位子应力分量都有类似式(3.3.20)的表达式,这里忽略。

那么最终结果如下:

$$\sigma_{zy}(x,0)=\begin{cases} \dfrac{\tau_1 x}{\sqrt{x^2-a^2}}, & |x|>a \\[4mm] 0, & |x|<a \end{cases} \tag{3.3.23}$$

$$H_{zy}(x,0)=\begin{cases} \dfrac{\tau_2 x}{\sqrt{x^2-a^2}}, & |x|>a \\[4mm] 0, & |x|<a \end{cases} \tag{3.3.24}$$

上两式表明在 $y=0,|x|<a$ 处: $\sigma_{zy}=0,H_{zy}=0$,因此,这个解也满足了裂纹面上的边界条件。在 $\sqrt{x^2+y^2}\to\infty$ 处,同时解满足无穷远处的边界条件。

上式表明在裂纹尖端应力具有奇异性,即

$$\begin{cases} \sigma_{zy}(x,0)=\dfrac{\tau_1 x}{\sqrt{x^2-a^2}}\to\infty,\ x\to a^+ \\[4mm] H_{zy}(x,0)=\dfrac{\tau_2 x}{\sqrt{x^2-a^2}}\to\infty,\ x\to a^+ \end{cases} \tag{3.3.25}$$

如果定义声子场与相位子场的Ⅲ型应力强度因子如下:

$$K_{\mathbb{I}}^{\parallel}=\lim_{x\to a^+}\sqrt{2\pi(x-a)}\,\sigma_{zy}(x,0) \tag{3.3.26a}$$

$$K_{\text{III}}^{\perp} = \lim_{x \to a^+} \sqrt{2\pi(x-a)} \, H_{zy}(x,0) \qquad (3.3.26b)$$

则有

$$K_{\text{III}}^{\parallel} = \sqrt{\pi a}\, \tau_1, \quad K_{\text{III}}^{\perp} = \sqrt{\pi a}\, \tau_2 \qquad (3.3.27)$$

其中,下标"Ⅲ"代表Ⅲ型(纵向剪切型)[37]。

　　由此可见,采用解析函数虚部来表示声子场和相位子场位移,所得的最终结果和文献[37]一致,虽然过程不完全一样。

　　其他问题,如带有单边裂纹的狭长体、半无限裂纹的狭长体等问题已经在文献[20,37]里面研究过,不过那里面是采用两个解析函数的实部来表示位移函数声子场和相位子场位移,感兴趣的读者可以采用解析函数虚部来表示声子场和相位子场位移的方法,重新研究一下这些裂纹问题,这可以看成是对文献[20,37]所得结果的检验。

　　本小节采用解析函数的虚部来表示调和函数,得到其基本解,从而来研究一维六方准晶的裂纹问题。这和其他文献和著作是不同的。大家可以采用这种方法尝试研究一维四方准晶、一维三方准晶等,做出它们带有 Griffith 裂纹问题的解答。

第4章 二维准晶平面问题及其解答

二维准晶指的还是三维物理空间材料,其中原子排列有二维是准周期分布的、三维是周期分布的。比如十次对称二维准晶是指该准晶体的主旋转对称轴为十重旋转对称轴,且沿该对称轴方向原子排列是周期的,而在垂直于这个对称轴方向的平面内原子排列是准周期的。

一般的二维准晶弹性问题还是三维弹性问题,且与经典弹性问题完全不同。当然二维准晶弹性问题也比一维准晶更加复杂,二维准晶弹性问题有声子场弹性常数 C_{ijkl}、相位子场弹性常数 K_{ijkl}、还有声子—相位子耦合弹性常数 R_{ijkl},这比经典弹性常数多了一倍还多。同时存在声子位移场 $\mathbf{u}(u_x, u_y, u_z)$ 和相位子位移场 $\mathbf{w}(w_x, w_y, w_z)$,这些变量都是随着3个自变量变化的。相位子场的出现,在物理学上把它解释为无公度相的一种结果(因为准晶属于一种无公度相),在力学上,导致两种应变 ε_{ij} 和 w_{ij} 的存在,因而准晶的弹性力学和经典弹性力学很不同。

当然,对于二维准晶弹性问题,可以通过某些分解和叠加使得问题简单化。比如当二维准晶中的缺陷(位错、裂纹和空洞等)沿着周期方向穿透,所有场变量都不随该方向变化,这时称其为平面弹性问题。十次对称准晶是实验中发现最多的一类二维准晶,而且是最重要的,本章以点群十次对称准晶为例来研究其平面弹性问题,所用方法为复变函数法。由第一章知道,十次对称二维准晶包括7个点群,分别属于两个 Laue 类。

范天佑、郭玉翠等[97]首先在二维准晶弹性理论的研究中引进了应力势函数,把准晶弹性复杂的、数量庞大的方程组化简成少数的几个高阶偏微分方程,进而提出了准晶弹性的分解与叠加原理[37],把准晶弹性问题分解成平面弹性问题和反平面弹性问题,剔除和相位子无关的平凡解,突出了准晶的特点,极大地简化了问题的求解。基于这一思想,李显方、范天佑等[98]系统地发展了二维准晶平面弹性的位移势函数理论,具体推导了二维五次、八次、十次和十二次对称准晶平面弹性的最终控制方程,取得了突破性的进展,为发展准晶数学弹性理论求解体系奠定了基础。李联和采用应力势函数法结合复变函数法求得了二维十次对称准晶带有受均匀压应力的椭圆孔问题的解析解[110]。李显方、范天佑等[101]给出了带有 Griffith 裂纹的十次对称准晶精确解析解。

4.1　十次对称二维准晶平面问题的应力势函数与基本解

十次对称二维准晶中的声子场与相位子场中的应力、应变应满足广义胡克定律:

$$\begin{cases} \sigma_{ij} = C_{ijkl}\varepsilon_{kl} + R_{ijkl}w_{kl} \\ H_{ij} = K_{ijkl}w_{kl} + R_{klij}\varepsilon_{kl} \end{cases} \tag{4.1.1}$$

其中

$$\varepsilon_{ij} = (\partial_j u_i + \partial_i u_j)/2, w_{ij} = \partial_j w_i, \partial_j = \partial/\partial x_j \tag{4.1.2}$$

式中:C_{ijkl} 和 K_{ijkl} 分别是声子场和相位子场的弹性常数;R_{klij} 是声子—相位子耦合弹性常数;u_i,w_i 分别是声子场和相位子场的位移;σ_{ij},H_{ij} 分别是相对应的声子场应力张量和相位子场应力张量。

对于二维准晶,假定原子排列穿过在 z 方向是周期的,在 xy 平面是准周期的,在忽略体力的情况下,平衡方程可以写为

$$\frac{\partial \sigma_{ij}}{\partial x_j} = 0, \qquad \frac{\partial H_{ij}}{\partial x_j} = 0 \tag{4.1.3}$$

点群十次对称二维准晶的广义胡克定律的具体形式可以如下表示:

$$\begin{cases} \sigma_{xx} = L(\varepsilon_{xx} + \varepsilon_{yy}) + 2M\varepsilon_{xx} + R_1(w_{xx} + w_{yy}) + R_2(w_{xy} - w_{yx}) \\ \sigma_{yy} = L(\varepsilon_{xx} + \varepsilon_{yy}) + 2M\varepsilon_{yy} - R_1(w_{xx} + w_{yy}) - R_2(w_{xy} - w_{yx}) \\ \sigma_{xy} = \sigma_{yx} = 2M\varepsilon_{xy} + R_1(w_{yx} - w_{xy}) + R_2(w_{xx} + w_{yy}) \\ H_{xx} = K_1 w_{xx} + K_2 w_{yy} + R_1(\varepsilon_{xx} - \varepsilon_{yy}) + 2R_2\varepsilon_{xy} \\ H_{yy} = K_1 w_{yy} + K_2 w_{xx} + R_1(\varepsilon_{xx} - \varepsilon_{yy}) + 2R_2\varepsilon_{xy} \\ H_{xy} = K_1 w_{xy} - K_2 w_{yx} - 2R_1\varepsilon_{xy} + R_2(\varepsilon_{xx} - \varepsilon_{yy}) \\ H_{yx} = K_1 w_{yx} - K_2 w_{xy} + 2R_1\varepsilon_{xy} - R_2(\varepsilon_{xx} - \varepsilon_{yy}) \end{cases} \tag{4.1.4}$$

其中：$L = C_{12}, M = C_{66} = (C_{11} - C_{12})/2$。

假定有一个平面裂纹沿周期方向穿透准晶固体,因此所有的场变量与 z 无关。根据几何变形方程,变形相容方程如下：

$$\frac{\partial^2 \varepsilon_{xx}}{\partial y^2} + \frac{\partial^2 \varepsilon_{yy}}{\partial x^2} = 2\frac{\partial^2 \varepsilon_{xy}}{\partial x \partial y}, \quad \frac{\partial w_{xx}}{\partial y} = \frac{\partial w_{xy}}{\partial x}, \quad \frac{\partial w_{yy}}{\partial x} = \frac{\partial w_{yx}}{\partial y} \tag{4.1.5}$$

像下面这样引入函数 $\varphi(x, y)$、$\psi_1(x, y)$ 和 $\psi_2(x, y)$：

$$\begin{cases} \sigma_{xx} = \dfrac{\partial^2 \varphi}{\partial y^2}, \quad \sigma_{yy} = \dfrac{\partial^2 \varphi}{\partial x^2}, \quad \sigma_{xy} = \sigma_{yx} = -\dfrac{\partial^2 \varphi}{\partial x \partial y} \\ H_{xx} = \dfrac{\partial \psi_1}{\partial y}, \quad H_{xy} = -\dfrac{\partial \psi_1}{\partial x}, \quad H_{yx} = -\dfrac{\partial \psi_2}{\partial y}, \quad H_{yy} = \dfrac{\partial \psi_2}{\partial x} \end{cases} \tag{4.1.6}$$

这时式(4.1.3)将会自动满足。

基于广义胡克定律,所有的应变分量都能用应力分量表示出来：

$$\begin{cases} \varepsilon_{xx} = \dfrac{(\sigma_{xx} + \sigma_{yy})}{4(L+M)} + \dfrac{1}{4c}[(K_1 + K_2)(\sigma_{xx} - \sigma_{yy}) - 2R_1(H_{xx} + H_{yy}) - 2R_2(H_{xy} - H_{yx})] \\ \varepsilon_{yy} = \dfrac{(\sigma_{xx} + \sigma_{yy})}{4(L+M)} - \dfrac{1}{4c}[(K_1 + K_2)(\sigma_{xx} - \sigma_{yy}) - 2R_1(H_{xx} + H_{yy}) - 2R_2(H_{xy} - H_{yx})] \\ \varepsilon_{xy} = \varepsilon_{yx} = \dfrac{1}{2c}[(K_1 + K_2)\sigma_{xy} + R_1(H_{xy} - H_{yx}) - R_2(H_{xx} + H_{yy})] \\ w_{xx} = \dfrac{1}{2(K_1 - K_2)}(H_{xx} - H_{yy}) + \dfrac{1}{2c}[M(H_{xx} + H_{yy}) - R_1(\sigma_{xx} - \sigma_{yy}) - 2R_2\sigma_{xy}] \\ w_{yy} = -\dfrac{1}{2(K_1 - K_2)}(H_{xx} - H_{yy}) + \dfrac{1}{2c}[M(H_{xx} + H_{yy}) - R_1(\sigma_{xx} - \sigma_{yy}) - 2R_2\sigma_{xy}] \\ w_{xy} = \dfrac{1}{2c}[-R_2(\sigma_{xx} - \sigma_{yy}) + 2R_1\sigma_{xy}] + \dfrac{1}{2(K_1 - K_2)}(H_{xy} + H_{yx}) + \dfrac{M}{2c}(H_{xy} - H_{yx}) \\ w_{yx} = \dfrac{1}{2c}[R_2(\sigma_{xx} - \sigma_{yy}) - 2R_1\sigma_{xy}] + \dfrac{1}{2(K_1 - K_2)}(H_{xy} + H_{yx}) - \dfrac{M}{2c}(H_{xy} - H_{yx}) \end{cases}$$

$$\tag{4.1.7}$$

其中：$c = M(K_1 + K_2) - 2(R_1{}^2 + R_2{}^2)$。

因此变形几何方程能够被应力表示出来：

$$
\begin{cases}
\left(\dfrac{1}{2(L+M)} + \dfrac{K_1+K_2}{2c}\right)\nabla^2\nabla^2\varphi + \dfrac{R_1}{c}\left(\dfrac{\partial}{\partial y}\Pi_1\psi_1 - \dfrac{\partial}{\partial x}\Pi_2\psi_2\right) + \dfrac{R_2}{c}\left(\dfrac{\partial}{\partial x}\Pi_2\psi_1 + \dfrac{\partial}{\partial y}\Pi_1\psi_2\right) = 0 \\[2mm]
\left(\dfrac{c}{K_1-K_2} + M\right)\nabla^2\psi_1 + R_1\dfrac{\partial}{\partial y}\Pi_1\varphi + R_2\dfrac{\partial}{\partial x}\Pi_2\varphi = 0 \\[2mm]
\left(\dfrac{c}{K_1-K_2} + M\right)\nabla^2\psi_2 - R_1\dfrac{\partial}{\partial x}\Pi_2\varphi + R_2\dfrac{\partial}{\partial y}\Pi_1\varphi = 0
\end{cases}
$$

$$(4.1.8)$$

其中

$$
\nabla^2 = \frac{\partial^2}{\partial x^2} + \frac{\partial^2}{\partial y^2}, \quad \Pi_1 = 3\frac{\partial^2}{\partial x^2} - \frac{\partial^2}{\partial y^2}, \quad \Pi_2 = 3\frac{\partial^2}{\partial y^2} - \frac{\partial^2}{\partial x^2} \quad (4.1.9)
$$

当引入如下另外一个新的应力势函数，上面的方程将满足

$$
\begin{cases}
\varphi = c_1\nabla^2\nabla^2 G \\[2mm]
\psi_1 = -\left(R_1\dfrac{\partial}{\partial y}\Pi_1 + R_2\dfrac{\partial}{\partial x}\Pi_2\right)\nabla^2 G \\[2mm]
\psi_2 = \left(R_1\dfrac{\partial}{\partial x}\Pi_2 - R_2\dfrac{\partial}{\partial y}\Pi_1\right)\nabla^2 G
\end{cases}
\quad (4.1.10)
$$

其中：$c_1 = \dfrac{c}{K_1-K_2} + M$。

我们便得到

$$
\nabla^2\nabla^2\nabla^2\nabla^2 G = 0 \quad (4.1.11)
$$

这便表明点群十次对称二维准晶平面弹性转化成一个四重调和方程。

类似经典弹性，定义 $z = x + yi$，$\bar{z} = x - yi$，经过一些推导，得

$$
\frac{\partial^8 G}{\partial^4 z\,\partial^4 \bar{z}} = 0 \quad (4.1.12)
$$

我们采用复变函数方法来求解式(4.1.12)的通解，令

$$\begin{cases} P_2 = \nabla^2 G \\ P_1 = \nabla^2 P_2 \\ P_0 = \nabla^2 P_1 \\ \nabla^2 P_0 = 0 \end{cases} \tag{4.1.13}$$

通过逐步求解,可以将最后的 G 函数求出,但此时它已经化为一个以 z、$\bar{z}$ 为自变量的复变函数形式。式(4.1.13)中,显见 P_0、P_1、P_2 是实函数。

由调和方程(4.1.13)第四个式子 $\nabla^2 P_0 = 0$,可写作下列形式:

$$\frac{\partial}{\partial \bar{z}}(\frac{\partial P_0}{\partial z}) = 0 \tag{4.1.14}$$

其中:z、$\bar{z}$ 为独立的变量,可得其解为

$$\frac{\partial P_0}{\partial z} = a(z); P_0 = g(z) + \overline{w(z)} \tag{4.1.15}$$

由于 P_0 为实函数,故必 $g(z)$ 与 $w(z)$ 为共轭函数,所以有一般解:

$$P_0 = g(z) + \overline{g(z)} \tag{4.1.16}$$

同理,将式(4.1.16)代入式(4.1.13)第三式,得

$$4\frac{\partial}{\partial z}(\frac{\partial P_1}{\partial \bar{z}}) = g(z) + \overline{g(z)} \tag{4.1.17}$$

对式(4.1.17)两边同时对 z 积分一次,得

$$4(\frac{\partial P_1}{\partial \bar{z}}) = \int g(z)dz + \int \overline{g(z)}dz = F(z) + \overline{h_1(z)} + z\overline{g(z)} + \overline{h_0(z)} \tag{4.1.18}$$

再对 z 积分一次,得

$$4P_1 = \bar{z}F(z) + h_2(z) + \overline{H_2(z)} + h_3(z) + z\overline{G(z)} + h_4(z) + \overline{H_3(z)} + h_5(z) \tag{4.1.19}$$

观察式(4.1.19),因为 P_1 是实函数,$\bar{z}F(z)$ 与 $z\overline{F(z)}$ 共轭;$\overline{H_2(z)}$、$\overline{H_3(z)}$ 可用一个函数代替,令为 $\overline{H_1(z)}$;$h_2(z)$、$h_3(z)$、$h_4(z)$、$h_5(z)$ 也可用一个函数来代替,并且考虑到它应与 $\overline{H_1(z)}$ 共轭,所以也可以写作 $H_1(z)$。最后整理得

$$P_1 = \frac{1}{4} [\bar{z} F(z) + z \overline{F(z)} + \overline{H_1(z)} + H_1(z)] \qquad (4.1.20)$$

再利用 P_1 求出 P_2，进而求出 G。积分四次，得

$$G = g_1(z) + \overline{g_1(z)} + \bar{z} g_2(z) + z \overline{g_2(z)} + \frac{1}{2} \bar{z}^2 g_3(z) +$$

$$\frac{1}{2} z^2 \overline{g_3(z)} + \frac{1}{6} \bar{z}^3 g_4(z) + \frac{1}{6} z^3 \overline{g_4(z)} \qquad (4.1.21)$$

其中：$g_i(z)(i=1,2,3,4)$ 是关于 z 变量的解析函数。

式(4.1.21)表明总是可以用四个单变量的解析函数来表示。注意到 G 为四重调和函数，所以式(4.1.21)右端形同复变函数的两两共轭。它将二维十次对称准晶的基本控制方程化为一个八阶微分方程。利用复变函数的虚实部分离，还可以得

$$G = 2\mathrm{Re}(g_1(z) + \bar{z} g_2(z) + \frac{1}{2} \bar{z}^2 g_3(z) + \frac{1}{6} \bar{z}^3 g_4(z)) \qquad (4.1.22)$$

Re 表示取实部，并且我们知道 $z = x + yi = r e^{i\vartheta}$。

经过复杂的推导，很容易得到点群十次对称二维准晶平面弹性应力分量的复表示法：

$$\begin{cases} \sigma_{xx} = -32c_1 \mathrm{Re}(\Omega(z) - 2g'''_4(z)) \\ \sigma_{yy} = 32c_1 \mathrm{Re}(\Omega(z) + 2g'''_4(z)) \\ \sigma_{xy} = \sigma_{yx} = 32c_1 \mathrm{Im}\Omega(z) \\ H_{xx} = 32R_1 \mathrm{Re}(\Theta'(z) - \Omega(z)) - 32R_2 \mathrm{Im}(\Theta'(z) - \Omega(z)) \\ H_{xy} = -32R_1 \mathrm{Im}(\Theta'(z) + \Omega(z)) - 32R_2 \mathrm{Re}(\Theta'(z) + \Omega(z)) \\ H_{yx} = -32R_1 \mathrm{Im}(\Theta'(z) - \Omega(z)) - 32R_2 \mathrm{Re}(\Theta'(z) - \Omega(z)) \\ H_{yy} = -32R_1 \mathrm{Re}(\Theta'(z) + \Omega(z)) + 32R_2 \mathrm{Im}(\Theta'(z) + \Omega(z)) \end{cases} \qquad (4.1.23)$$

其中

$$\Theta(z) = g_2{}^{(IV)}(z) + \bar{z} g_3{}^{(IV)}(z) + \frac{1}{2} \bar{z}^2 g_4{}^{(IV)}(z), \quad \Omega(z) = g_3{}^{(IV)}(z) + \bar{z} g_4{}^{(IV)}(z)$$

$$g'_i(z) = dg_i(z)/dz, g'''_i(z) = d^3 g_i(z)/dz^3, g'''_i(z) = d^4 g_i(z)/dz^4, \Theta'(z) = dg_i(z)/dz$$

下面继续计算应变分量的复表示法。为了方便,先采用

$$\begin{cases} \varepsilon_{xx}=c_2(\sigma_{xx}+\sigma_{yy})-\dfrac{(K_1+K_2)}{2c}\sigma_{yy}-\dfrac{1}{2c}[R_1(H_{xx}+H_{yy})+R_2(H_{xy}-H_{yx})] \\[3mm] \varepsilon_{yy}=c_2(\sigma_{xx}+\sigma_{yy})-\dfrac{(K_1+K_2)}{2c}\sigma_{xx}+\dfrac{1}{2c}[R_1(H_{xx}+H_{yy})+R_2(H_{xy}-H_{yx})] \end{cases}$$

$$(4.1.24)$$

其中

$$c_2=\frac{(L+M)(K_1+K_2)+c}{4c(L+M)}$$

把式(4.1.23)代入式(4.1.7),然后积分,得

$$u_x+iu_y=32(4c_1c_2-c_3-c_1c_4)g_4{}''(z)-32(c_1c_4-c_3)(\overline{g'''_3(z)}+z\,\overline{g'''_4(z)})$$

$$(4.1.25)$$

其中

$$c_3=\frac{(R_1^2+R_2^2)}{c},c_4=\frac{(K_1+K_2)}{c}$$

类似地,相位子场位移分量的复变函数表示如下:

$$w_x+iw_y=\frac{32(R_1-iR_2)}{K_1-K_2}\overline{\Theta(z)}\qquad(4.1.26)$$

前面已经看到通过采用复势法,应力势函数、应力分量、位移分量都可以用三个解析函数 $g_i(z)(i=2,3,4)$ 表示出来,和第一个解析函数无关,那么可以令

$$g_1(z)=0\qquad(4.1.27)$$

类似经典弹性,现在来讨论这些函数能够到什么样的确定程度。

为了下面讨论和求解方便,引入如下记号:

$$g'''_2(z)=h_2(z),g'''_3(z=h_3(z),g''_4(z)=h_4(z)\qquad(4.1.28)$$

其中:$g''_i(z)=\dfrac{\mathrm{d}^2g_i(z)}{\mathrm{d}z^2}$。因此式(4.1.23)可以写为

$$\begin{cases}\sigma_{xx}+\sigma_{yy}=4\times32c_1\mathrm{Re}h'_4(z)\\[4pt]\sigma_{yy}-\sigma_{xx}+2i\sigma_{xy}=2\times32c_1[h'_3(z)+\bar{z}h''_4(z)]\\[4pt]H_{xy}-H_{yx}-i(H_{xx}+H_{yy})=2\times32(iR_1-R_2)\Omega(z)\\[4pt](H_{xx}-H_{yy})-i(H_{xy}+H_{yx})=2\times32(R_1+R_2)\Theta'(z)\end{cases}\qquad(4.1.29)$$

类似经典弹性,可以用

$$h_4(z)+Ciz+\gamma\ \text{代替}\ h_4(z)\qquad(4.1.30a)$$

$$h_3(z)+\gamma'\ \text{代替}\ h_3(z)\qquad(4.1.30b)$$

声子场应力保持不变,其中 C 为任意实常数;γ、γ' 为任意复常数。经过类似的讨论,

$$h_2(z)+\gamma''\ \text{代替}\ h_2(z)\qquad(4.1.31)$$

相位子场应力保持不变,其中 γ'' 为任意复常数。

综合上面的讨论,将有

$$h_2(z)+\gamma''\ \text{代替}\ h_2(z)\qquad(4.1.32a)$$

$$h_3(z)+\gamma'\ \text{代替}\ h_3(z)\qquad(4.1.32b)$$

$$h_4(z)+Ciz+\gamma\ \text{代替}\ h_4(z)\qquad(4.1.32c)$$

声子场和相位子场应力均保持不变。因此,在不改变应力状态的条件下,可以任意选择常数 C、γ、γ'、γ''。但是当应力改变时,位移必然有所改变。因此,为了保持位移不变,不容许有式(4.1.32a)~式(4.1.32c)以外的代换。当然为了位移不变,式(4.1.32a)~式(4.1.32c)还有一些附加条件,在代换以后位移场的复表示如下:

$$u_x+iu_y=32(4c_1c_2-c_3-c_1c_4)h_4(z)-32(c_1c_4-c_3)\overline{(h_3(z)+\bar{z}h'_4(z))}+32$$

$$(4c_1c_2-c_3)Ciz+[32(4c_1c_2-c_3-c_2c_4)\gamma-32(c_1c_4-c_3)\overline{\gamma'}]$$

$$\qquad\qquad\qquad\qquad\qquad\qquad\qquad\qquad\qquad\qquad(4.1.33a)$$

$$w_x+iw_y=\frac{32(R_1-iR_2)}{K_1-K_2}\left[\overline{h_2(z)+\bar{z}h'_3(z)+\frac{1}{2}z^2\,\overline{h''_4(z)}}\right]+\frac{32(R_1-iR_2)}{K_1-K_2}\overline{\gamma''}$$

$$\qquad\qquad\qquad\qquad\qquad\qquad\qquad\qquad\qquad\qquad(4.1.33b)$$

与位移的复表示式(4.1.25)和式(4.1.26)对比,必须有

$$C=0, \gamma=\frac{32(c_1c_4-c_3)}{32(4c_1c_2-c_3-c_1c_4)}\overline{\gamma'}, \overline{\gamma''}=0 \tag{4.1.34}$$

这样才会使得位移不会改变。也就是说,在不改变位移的条件下,式(4.1.33a)和式(4.1.33b)还要满足

$$h_2(z)代替 h_2(z) \quad (即 h_2(z)是确定的) \tag{4.1.35a}$$

$$h_3(z)+\gamma'代替 h_3(z) \tag{4.1.35b}$$

$$h_4(z)+\frac{32(c_1c_4-c_3)}{32(4c_1c_2-c_3-c_1c_4)}\overline{\gamma'}代替 h_4(z) \tag{4.1.35c}$$

其中:γ'是可以任意选取的复常数。

二维准晶平面问题的声子场应力边界条件为

$$\begin{cases} \sigma_{xx}\cos(n,x)+\sigma_{xy}\cos(n,y)=T_x, (x,y)\in L_t \\ \sigma_{yx}\cos(n,x)+\sigma_{yy}\cos(n,y)=T_y, (x,y)\in L_t \end{cases} \tag{4.1.36}$$

相位子场应力边界条件为

$$\begin{cases} H_{xx}\cos(n,x)+H_{xy}\cos(n,y)=h_x, (x,y)\in L_t \\ H_{yx}\cos(n,x)+H_{yy}\cos(n,y)=h_y, (x,y)\in L_t \end{cases} \tag{4.1.37}$$

式中:L_t 代表任一段曲线边界;n 代表边界上任一点的外法线方向;T_x、T_y、h_x、h_y 分别代表表面力和广义表面力。

因此,由式(4.1.36)、式(4.1.37)和式(4.1.29),经过推导,可以得到声子场应力边界条件的复变函数表示为

$$h_4(z)+\overline{h_3(z)}+\overline{zh'_4(z)}=\frac{i}{32c_1}\int(T_x+iT_y)ds, z\in L_t \tag{4.1.38}$$

同时可以得相位子场应力边界条件的复变函数表示为

$$h_2(z)+\bar{z}\overline{h'_3(z)}+\frac{1}{2}\bar{z}^2\overline{h''_4(z)}=\frac{i}{R_1-iR_1}\int(h_x+ih_y)ds, z\in L_t$$

$$\tag{4.1.39}$$

在多连体固体中,为了保证应力和位移的单值性,必须要确定 $h_i(z)$ 的具体形式,假定多连体固体有 m 个内边界 $s_1, s_2, \cdots, s_m$ 和一个外边界 s_{m+1},如图 4.1

所示。

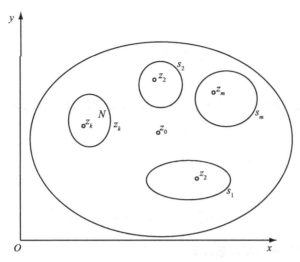

图 4.1　多连体固体的形式

为了简单起见,先考虑一个内边界 s_k 和一个外边界 s_{m+1} 的情况。类似经典弹性,为了保证多连体固体的应力单值性,$h_i(z)$ 必须有如下形式:

$$\begin{cases} {h_4}'(z) = A_k \ln(z - z_k) + h'_{4*}(z) \\ h_4(z) = A_k z \ln(z - z_k) + \gamma_k \ln(z - z_k) + h_{4*}(z) \\ h_3(z) = \gamma'_k \ln(z - z_k) + h_{3*}(z) \end{cases} \tag{4.1.40}$$

式中:z_k 为边界 s_k 外的任意一点;$h_{3*}(z)$ 和 $h_{4*}(z)$ 为单值解析函数;A_k 为任意的实常数;γ_k 和 γ'_k 为任意的复常数。

由于 $\dfrac{1}{(z - z_k)}$ 在边界 s_k 外是解析的,为了保证相位子场应力单值,所以 $h'_2(z)$ 必须在多连体中是单值解析的,因此 $h_2(z)$ 具有如下形式:

$$h_2(z) = \gamma''_k \ln(z - z_k) + h_{2*}(z) \tag{4.1.41}$$

式中:$h_{2*}(z)$ 是多连体中单值解析函数;γ''_k 为任意的复常数。

再进一步考虑在位移单值条件下,$h_2(z)$、$h_3(z)$、$h_4(z)$ 还有什么要求,根据上面位移公式可以知道声子场位移的复表示如下:

$$u_x + iu_y = 32(4c_1c_2 - c_3 - c_1c_4)h_4(z) - 32(c_1c_4 - c_3)(\overline{h_3(z)} + z\,\overline{h'_4(z)})$$

$$(4.1.42)$$

由以上条件有

$$[u_x + iu_y]_{sk} = 2\pi i\{[32(4c_1c_2 - c_3 - c_1c_4) + 32(c_1c_4 - c_3)]A_k z + 32(4c_1c_2 - c_3 - c_1c_4)\gamma_k + \overline{\gamma'_k}\}$$

$$(4.1.43)$$

其中:$[\ ]_{sk}$ 表示沿逆时针方向绕 s_k 转一圈后得到的增量。因此,声子场位移单值的条件要求:

$$A_k = 0, 32(4c_1c_2 - c_3 - c_1c_4)\gamma_k + \overline{\gamma'_k} = 0 \qquad (4.1.44)$$

与此相似,得

$$[w_x + iw_y]_{sk} = -2\pi i\,\frac{32(R_1 - iR_2)}{K_1 - K_2}\overline{\gamma''_k} \qquad (4.1.45)$$

因此,相位子场位移单值的条件要求:

$$\overline{\gamma''_k} = 0 \qquad (4.1.46)$$

更深入一步,发现 γ_k 和 γ'_k 可以用内边界 s_k 上的面力来表示。应用于整个边界 s_k 得

$$32c_1 i\,[h_4(z) + \overline{h_3(z)} + z\,\overline{h'_4(z)}]_{sk} = X_k + iY_k \qquad (4.1.47)$$

其中:$X_k + iY_k$ 是整个内边界上的面力主矢量。但是,其绕行方向是顺时针方向。

因此,注意 $A_k = 0$,得

$$-2\pi i(\gamma_k - \overline{\gamma'_k}) = \frac{i}{32c_1}(X_k + iY_k) \qquad (4.1.48)$$

因此,可以求得各个常数

$$A_k = 0, \gamma_k = d_1(X_k + iY_k), \gamma'_k = d_2(X_k - iY_k) \qquad (4.1.49)$$

其中

$$\begin{cases} d_1 = \dfrac{1}{64c_1\pi \times (32(4c_1c_2 - c_3 - c_1c_4) + 1)} \\[3mm] d_2 = -\dfrac{4c_1c_2 - c_3 - c_1c_4}{2c_1\pi \times (32(4c_1c_2 - c_3 - c_1c_4) + 1)} \end{cases} \qquad (4.1.50)$$

将式(4.1.50)代入式(4.1.40),得

$$
\begin{cases}
h_4(z)=d_1\sum_{k=1}^{m}(X_k+iY_k)\ln(z-z_k)+h_{4*}(z)\\[2mm]
h_3(z)=d_2\sum_{k=1}^{m}(X_k-iY_k)\ln(z-z_k)+h_{3*}(z)\\[2mm]
h_2(z)=h_{2*}(z)
\end{cases}
\tag{4.1.51}
$$

根据以上与经典弹性类似的讨论,我们得到,为了保证多连体的应力和位移的单值性,$h_i(z)(i=2,3,4)$必须如式(4.1.51)所示,其中$h_{i*}(z)(i=2,3,4)$是多连体中的单值解析函数。

无限大的多连体在实际中具有很重要的地位,在上面讨论的多连体固体中,让外边界s_{m+1}趋于无穷大,则该多连体就成为无限大的多连体,这时,还必须考虑$h_i(z)(i=2,3,4)$在无限远处的性质。类似于经典弹性理论,在无限远处,有如下公式:

$$
\begin{cases}
h_4(z)=d_1(X+iY)\ln z+Bz+h_4^0(z)\\[2mm]
h_3(z)=d_2(X-iY)\ln z+(B'+iC')z+h_3^0(z)
\end{cases}
\tag{4.1.52}
$$

式中:B、B'、C'为实常数,并且$X=\sum_{k=1}^{m}X_k,Y=\sum_{k=1}^{m}Y_k$。$h_3^0(z)$和$h_4^0(z)$是在$s_{m+1}$之外(包括无限远处)的解析函数。对充分大的$|z|$,可以把它们展开成级数的形式:

$$
h_4^0(z)=a_0+\frac{a_1}{z}+\frac{a_2}{z^2}+\cdots\cdots,h_3^0(z)=a'_0+\frac{a'_1}{z}+\frac{a'_2}{z^2}+\cdots\cdots
\tag{4.1.53}
$$

在应力状态不变的条件下,可以取

$$
a_0=a'_0=0
\tag{4.1.54}
$$

由于$h_{2*}(z)$是外边界外的解析函数,所以可以展开成洛朗级数:

$$
h_{2*}(z)=\sum_{-\infty}^{+\infty}c_n z^n
\tag{4.1.55}
$$

代入式(4.1.29),得

$$
H_{xx}-H_{yy}-i(H_{xy}+H_{yx})=64(R_1+R_2)\left[\sum_{-\infty}^{+\infty}c_n nz^{n-1}+\bar{z}\left(-\frac{d_2}{z^2}+h_3^{0''}(z)\right)+\frac{1}{2}\bar{z}^2\left(\frac{2d_1}{z^3}+h_4^{0'''}(z)\right)\right]
$$

$$
\tag{4.1.56}
$$

由此可知,当$|z|\to\infty$时,为了相位子场应力不致无穷大,就有

$$c_n=0(n\geqslant2) \qquad (4.1.57)$$

因此,为了保持声子场和相位子场应力保持有限大,$h_i(z)(i=2,3,4)$可以写为

$$\begin{cases} h_4(z)=d_1(X+iY)\ln z+Bz+h_4^0(z) \\ h_3(z)=d_2(X-iY)\ln z+(B'+iC')z+h_3^0(z) \\ h_2(z)=(B''+iC'')z+h_2^0(z) \end{cases} \qquad (4.1.58)$$

式中:B''、C''为实常数;$h_i^0(z)(i=2,3,4)$为最外边界(包括无限远处)的单值解析函数。

需要说明的是

$$B=\frac{1}{128c_1}(\sigma_1+\sigma_2),B'+iC'=-\frac{1}{64c_1}(\sigma_1-\sigma_2)e^{-2i\alpha} \qquad (4.1.59)$$

式中:σ_1、σ_2为无限远处主应力;α为σ_1与x轴之间的夹角。

令$z\to\infty$,在无限远处有

$$H_{yy}-H_{xx}+i(H_{xy}+H_{yx})=-64(R_1+R_2)(B''+iC'') \qquad (4.1.60)$$

与上面类似:

$$B''+iC''=\frac{1}{64(R_1+R_2)}(\sigma'_1-\sigma'_2)e^{-2i\alpha'} \qquad (4.1.61)$$

式中:σ'_1、σ'_2为无限远处广义主应力;α'为σ'_1与x轴之间的夹角。

4.2 十次对称二维准晶平面问题椭圆孔边一段受均衡压应力作用

缺陷(孔洞、缺口或裂纹)和应力集中往往是造成破损最为重要的原因。自从1892年J. Larmor第一次研究了孔洞对材料强度的影响以来,人们对调查孔洞、缺口或裂纹附近的应力与变形一直予以巨大的注意力。这种努力最终导致了断裂力学的诞生。这一节介绍一个平面孔洞或裂纹问题的精确解。十次对称二维准晶平面问题椭圆孔受均衡压应力的复势已经由李联和解决[110]。我们来看一个更一般的问题,即获取二维点群十面体准晶椭圆孔边一段受到均衡压应

力的问题的复势,如图 4.2 所示。

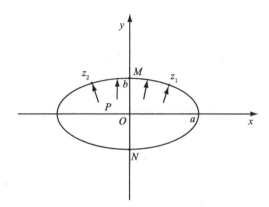

图 4.2　椭圆孔边一段上受均布应力作用

二维点群十面体准晶应力边界条件能够如下写出:

$$\begin{cases} \sigma_{xx}l+\sigma_{xy}m=X_n,\sigma_{yy}m+\sigma_{yx}l=Y_n,(x,y)\in\Gamma \\ H_{xx}l+H_{xy}m=X^h,H_{yy}m+H_{yx}l=Y^h,(x,y)\in\Gamma \end{cases} \tag{4.2.1}$$

其中:$l=\dfrac{dy}{ds}$,$m=-\dfrac{dx}{ds}$。

此外,同时还有

$$(X+iY)ds=\begin{cases} ip\,dz,z\in\overset{\frown}{z_1Mz_2} \\ 0,z\in\overset{\frown}{z_2Nz_1} \end{cases} \tag{4.2.2}$$

式中:$X_n=-p\cos(n,x)$,$Y_n=-p\cos(n,y)$,它们代表弧$\overset{\frown}{z_1Mz_2}$上的面力分量;$X^h$ 和 Y^h 代表广义面力分量;n 代表边界上任意一点的外法线向量。由于缺乏相位子场应力实验数据,这里假定 $X^h=0$,$Y^h=0$。因此,边界条件能够如下列出:

$$\begin{cases} g''_4(z)+\overline{g'''_3(z)}+z\,\overline{g'''_4(z)}=\dfrac{i}{32c_1}\int(T_x+iT_y)ds \\ g_4^{(IV)}(z)+\bar{z}g_3^{(IV)}(z)+\dfrac{1}{2}\bar{z}^2g_4^{(IV)}(z)=\dfrac{i}{R_2-iR_1}\int(h_x+ih_y)ds \end{cases}$$

$$(4.2.3)$$

在 4.1 节,为了简单,已经引入了

$$g_2^{(\mathrm{IV})}(z)=h_2(z),\ g'''_3(z)=h_3(z),\ g''_4(z)=h_4(z) \tag{4.2.4}$$

由 4.1 节已经得到

$$\begin{cases} h_4(z)=d_1(X+iY)\ln z+Bz+h_4^0(z) \\ h_3(z)=d_2(X-iY)\ln z+(B'+iC')z+h_3^0(z) \\ h_2(z)=(B''+iC'')z+h_2^0(z) \end{cases} \tag{4.2.5}$$

式中:B、B'、C'、B''、C''是实数;d_1、d_2、$h_4^0(z)$、$h_3^0(z)$、$h_2^0(z)$分别为

$$\begin{cases} d_1=\dfrac{1}{64c_1\pi\times(32(4c_1c_2-c_3-c_1c_4)+1)}, \\ d_2=-\dfrac{4c_1c_2-c_3-c_1c_4}{2c_1\pi\times(32(4c_1c_2-c_3-c_1c_4)+1)} \end{cases}$$

$$h_4^0(z)=\frac{a_1}{z}+\frac{a_2}{z^2}+\cdots\cdots,\ h_3^0(z)=\frac{b_1}{z}+\frac{b_2}{z^2}+\cdots\cdots,\ h_2^0(z)=\frac{\gamma_1}{z}+\frac{\gamma_2}{z^2}+\cdots\cdots$$

$$\tag{4.2.6}$$

然而,在 z 平面上由于计算复杂,得到精确解并不容易,用如下保角映射:

$$z=\omega(\zeta)=R\left(\frac{m}{\zeta}+\zeta\right) \tag{4.2.7}$$

把 z 平面上椭圆孔的内部变成 ζ 平面上单位圆的外部,如图 4.3 所示。其中,$\zeta=\xi+i\eta=\rho e^{i\varphi}$,$R=(a+b)/2$, $m=(a-b)/(a+b)$。

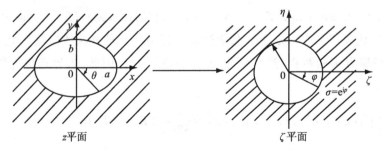

图 4.3 z 平面上椭圆孔的内部变成 ζ 平面上单位圆的外部的保角映射

保角变换式(4.2.7)属于下列一类 Muskhelishvili 有理函数保角变换的特

殊情形，即

$$z = \omega(\zeta) = R\left(\zeta + \sum_{k=0}^{n} b_k \zeta^{-k}\right) \quad \sum_{k=0}^{n} |b_k| \leqslant 1 \tag{4.2.8}$$

现在来确定复势式(4.2.5)在保角变换式(4.2.8)的作用下将会变为具有什么样性质的函数，由泰勒展开式有

$$\ln z = \ln(R\zeta) \cdot \left(1 + \sum_{k=0}^{n} b_k \zeta^{-(k+1)}\right) = \ln R + \ln\zeta + \ln\left(1 + \sum_{k=0}^{n} b_k \zeta^{-(k+1)}\right) \tag{4.2.9}$$

由于 $\sum_{k=0}^{n} |b_k| \leqslant 1$，所以有

$$\ln\left(1 + \sum_{k=0}^{n} b_k \zeta^{-(k+1)}\right) = \left(\frac{b_0}{\zeta} + \frac{b_1}{\zeta^2} + \cdots\cdots\right) - \frac{1}{2}\left(\frac{b_0}{\zeta} + \frac{b_1}{\zeta^2} + \cdots\cdots\right) + \cdots\cdots \tag{4.2.10}$$

从而有

$$\ln z = \ln\zeta + \zeta \text{ 平面单位圆外的单值解析函数} \tag{4.2.11}$$

同时很明显，式(4.2.5)里面的 $h_4^0(z)$、$h_3^0(z)$、$h_2^0(z)$ 在变换下为关于 ζ 的映射平面上单位圆外的单值解析函数。

因此，由上面的分析，式(4.2.5)在保角变换式(4.2.7)的作用下，有

$$\begin{cases} h_4(\zeta) = d_1(X+iY)\ln\zeta + B\omega(\zeta) + h_4^*(\zeta) \\ h_3(\zeta) = d_2(X-iY)\ln\zeta + (B'+iC')\omega(\zeta) + h_3^*(\zeta) \\ h_2(\zeta) = (B''+iC'')\omega(\zeta) + h_2^*(\zeta) \end{cases} \tag{4.2.12}$$

式中：$h_4^*(\zeta) = \sum_{n=1}^{\infty} \alpha_n \zeta^{-n}$，$h_3^*(\zeta) = \sum_{n=1}^{\infty} \beta_n \zeta^{-n}$，$h_2^*(\zeta) = \sum_{n=1}^{\infty} \gamma_n \zeta^{-n}$，均匀圆外 $(|\zeta| > 1)$ 的单值解析函数。

将式(4.2.12)代入式(4.2.3)，同时在边界上，$\rho = 1$，根据变换后的公式，引入变量 $\sigma = e^{i\theta}$，将会得

$$h_4^*(\sigma) + \overline{h_3^*(\sigma)} + \frac{\omega(\sigma)}{\omega'(\sigma)} \cdot \overline{h_4^{*\prime}(\sigma)} = f_0 \tag{4.2.13}$$

其中

$$f_0 = \frac{i}{32c_1}\int(T_x + iT_y)\mathrm{d}s - (d_1 - d_2)(X + iY)\ln\sigma -$$

$$\frac{\omega(\sigma)}{\omega'(\sigma)} \cdot d_1(X - iY) \cdot \sigma - 2B\omega(\sigma) - (B' - iC')\overline{\omega(\sigma)} \qquad (4.2.14)$$

对式(4.2.13)两边取共轭,得

$$\overline{h_4^*(\sigma)} + h_3^*(\sigma) + \overline{\frac{\omega(\sigma)}{\omega'(\sigma)}} \cdot h_4^{*'}(\sigma) = \overline{f_0} \qquad (4.2.15)$$

然后式(4.2.13)两边同时乘以 $\dfrac{1}{2\pi i}\dfrac{\mathrm{d}\sigma}{\sigma - \zeta}$,沿单位圆积分,得

$$\frac{1}{2\pi i}\int_\gamma \frac{h_4^*(\sigma)}{\sigma - \zeta}\mathrm{d}\sigma + \frac{1}{2\pi i}\int_\gamma \frac{\omega(\sigma)}{\omega'(\sigma)}\frac{\overline{h_4^{*'}(\sigma)}}{\sigma - \zeta}\mathrm{d}\sigma + \frac{1}{2\pi i}\int_\gamma \frac{\overline{h_3^*(\sigma)}}{\sigma - \zeta}\mathrm{d}\sigma = \frac{1}{2\pi i}\int_\gamma \frac{f_0}{\sigma - \zeta}\mathrm{d}\sigma$$

$$(4.2.16)$$

同时对式(4.2.15)也采取类似的方法,得

$$\frac{1}{2\pi i}\int_\gamma \frac{\overline{h_4^*(\sigma)}}{\sigma - \zeta}\mathrm{d}\sigma + \frac{1}{2\pi i}\int_\gamma \overline{\frac{\omega(\sigma)}{\omega'(\sigma)}}\frac{h_4^{*'}(\sigma)}{\sigma - \zeta}\mathrm{d}\sigma + \frac{1}{2\pi i}\int_\gamma \frac{h_3^*(\sigma)}{\sigma - \zeta}\mathrm{d}\sigma = \frac{1}{2\pi i}\int_\gamma \frac{\overline{f_0}}{\sigma - \zeta}\mathrm{d}\sigma$$

$$(4.2.17)$$

当材料在无限远处没有受到力的作用,类似经典弹性,有 $B = 0, B' - iC' = 0$。根据 Cauchy 积分公式和解析延拓理论,能够得到式(4.2.16)和式(4.2.17)的解,然后代入式(4.2.12),有

$$\begin{cases} h_4(\zeta) = \dfrac{1}{32c_1} \cdot \dfrac{p}{2\pi i} \cdot \left[-\dfrac{mR}{\zeta}\ln\dfrac{\sigma_2}{\sigma_1} + z\ln\dfrac{\sigma_2 - \zeta}{\sigma_1 - \zeta} + z_2\ln\dfrac{\sigma_1 - \zeta}{\sigma_2 - \zeta} \right] + \\[2mm] ip(d_1 - d_2)(z_1 - z_2)\ln(\sigma_1 - \zeta) + ipd_2(z_1 - z_2)\ln\zeta \\[3mm] h_3(\zeta) = \dfrac{1}{32c_1} \cdot \dfrac{p}{2\pi i} \cdot \overline{\left[-\dfrac{(1 + m^2)R\zeta}{(\zeta^2 - m)}\ln\dfrac{\sigma_2}{\sigma_1} + \dfrac{R(\sigma_1 - \sigma_2)(1 + m\zeta^2)}{(\zeta^2 - m)} \right.} \\[3mm] \qquad \overline{\left. -\overline{z_2}\ln(\sigma_2 - \zeta) + \overline{z_1}\ln(\sigma_1 - \zeta) \right]} \end{cases}$$

$$ip(d_1 + d_2) \cdot \left[(\overline{z_1} - \overline{z_2})\ln\zeta + (z_1 - z_2)\dfrac{(1 + m^2)}{(\zeta^2 - m)} \right]$$

$$(4.2.18)$$

其中：$z_1 = R(\sigma_1 + \dfrac{m}{\sigma_1})$，$z_2 = R(\sigma_2 + \dfrac{m}{\sigma_2})$。

另外，还有

$$\begin{cases} R_1 \mathrm{Im}\Theta(z) + R_2 \mathrm{Re}\Theta(z) = 0, z \in \Gamma \\ -R_1 \mathrm{Re}\Theta(z) + R_2 \mathrm{Im}\Theta(z) = 0, z \in \Gamma \end{cases} \qquad (4.2.19)$$

由上面的两个方程，很容易能知道

$$\Theta(z) = 0, z \in \Gamma \qquad (4.2.20)$$

即

$$\frac{1}{2\pi i}\int_\gamma \frac{h_2(\sigma)}{\sigma - \zeta}\mathrm{d}\sigma + \frac{1}{2\pi i}\int_\gamma \overline{\frac{\omega(\sigma)}{\omega'(\sigma)}}\frac{h'_3(\sigma)}{\sigma - \zeta}\mathrm{d}\sigma + \frac{1}{4\pi i}\left[\begin{array}{l}\displaystyle\int_\gamma \overline{\frac{\omega(\sigma)^2}{\omega'(\sigma)^2}}\frac{h''_4(\sigma)}{\sigma - \zeta}\mathrm{d}\sigma \\ \displaystyle -\int_\gamma \overline{\frac{\omega(\sigma)^2 \omega''(\sigma)}{\omega'(\sigma)^3}}\frac{h'_4(\sigma)}{\sigma - \zeta}\mathrm{d}\sigma \end{array}\right] = 0$$

$$(4.2.21)$$

这样得

$$h_2(\zeta) = \frac{1}{32c_1}\cdot\frac{pR}{2\pi i}\cdot\frac{(m\zeta^2+1)(\zeta^2+m)}{(\zeta^2-m)^3}\left(\ln\frac{\sigma_2}{\sigma_1} + \frac{\sigma_2 - \sigma_1}{(\sigma_2 - \zeta)(\sigma_1 - \zeta)}\right) + \frac{1}{32c_1}\cdot$$

$$\frac{p}{2\pi i}\cdot\frac{(m\zeta^2+1)}{(\zeta^2-m)^2}\times\left\{\begin{array}{l}2\mathrm{Re}z_2\cdot\dfrac{\sigma_2 - \sigma_1}{(\sigma_2 - \zeta)(\sigma_1 - \zeta)} + \left[z_2 - R(\zeta - \dfrac{m}{\zeta})\right]\cdot \\ \left[\dfrac{(\sigma_2 - \zeta)(\sigma_1 - \zeta) + (\sigma_2 + \sigma_1 - 2\zeta)(\sigma_2 - \sigma_1)}{(\sigma_2 - \zeta)(\sigma_1 - \zeta)}\right]\end{array}\right\}ip\frac{(m\zeta^2+1)(\zeta^2+m)}{(\zeta^2-m)^3}$$

$$\left\{d_1(\overline{z_1} - \overline{z_2} - z_1 + z_2)\frac{1}{(\zeta - \sigma_1)} + (d_2 - d_1)(z_1 - z_2)\left[\frac{1}{\zeta^2} + \frac{1}{\zeta} + \frac{1}{(\zeta - \sigma_1)^2}\right]\right\}$$

$$(4.2.22)$$

到此为止，三个复势函数都得到了，然后由式(4.1.29)就能得到声子场、相位子场应力的应力和位移表达式。

根据式(4.1.33a)，联合上面求得的解，能够得到椭圆孔(裂纹)面张开位移：

$$u_y = (128c_1c_2 - 64c_3)\mathrm{Im}h_4(\zeta) + (\frac{c_3}{c_1} - c_4)p\,\mathrm{Im}(z_2 - z_1) \qquad (4.2.23)$$

这对于平面 i 型裂纹的裂纹尖端张开位移是有用的，在下面章节将会用到。

类似经典弹性问题,上面的解有很多特殊情况,这里仅仅举出一些例子。例如,想获得椭圆孔(Griffith 裂纹)内表面受一对集中力作用的解,只需要使 $p = \dfrac{F}{|z_1 - z_2|}$ 和 $z_2 \rightarrow z_1$。也能得到椭圆孔(Griffith 裂纹)长轴顶端受对称分布压力情况的解,这里也略去。椭圆孔(Griffith 裂纹)内表面受均匀压力也是本节的一种特殊情况。相应的 Griffith 裂纹问题的解能够通过 $b \rightarrow 0$ 得到。对于椭圆孔受的均匀内压是本书的一个特殊情况,具体变换情况见文献[168]。

4.3 十次对称二维准晶平面问题中一些常见裂纹的复势

在 4.2 节及一维准晶的 Griffith 裂纹问题中,都是假定缺陷无穷大,这属于最基本的问题。由于构型最简单,那么可以采用比较简单的保角映射函数把它们变换到映射平面上的单位圆,很容易发现,这些保角变换都是 Muskhelishvili 采用的简单有理函数,它们都可以写为

$$z = \omega(\zeta) = R\left(\frac{1}{\zeta} + \sum_{k=0}^{n} a_k \zeta^k\right), \quad \sum_{k=0}^{n} |a_k| \leqslant 1 \qquad (4.3.1)$$

或

$$z = \omega(\zeta) = R\left(\zeta + \sum_{k=0}^{n} b_k \zeta^{-k}\right), \quad \sum_{k=0}^{n} |b_k| \leqslant 1 \qquad (4.3.2)$$

的特例。

使用这类有理映射函数,应用 Cauchy 积分公式和解析延拓的知识比较简单,从而复势比较好确定。Muskhelishvili 的著作只考虑这一情形。其次,在前面的研究中,假定带有缺口的材料都是无限大,边界条件也很好确定,求解比较容易。然而,在工程实践中,带缺陷的物体往往很复杂,有时候不能当做无限大来处理,那么上面的有理映射函数就不能发挥其作用。

下面的小节中,针对二维准晶平面弹性出现的四重调和方程,采用一些复杂函数做映射函数,解决单边裂纹和半无限裂纹等的情形。

4.3.1 单边裂纹的狭长体的复势

有一带有单边裂纹的狭长体,在裂纹尖端建立直角坐标系,假定狭长体宽度

无限大,长度为 l ,单边裂纹的长度为 a 。假定裂纹表面受到均衡压应力 p 或者剪切应力 τ 的作用,如图 4.4 所示。

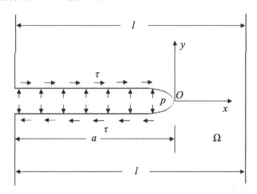

图 4.4　带有单边裂纹的准晶狭长体

采用超越函数保角变换如下,它能将带有单边裂纹狭长体转换到映射平面 $\zeta(\xi+i\eta)$ 的上半平面:

$$z=\omega(\zeta)=(\frac{2l}{\pi})\arctan\left[\sqrt{1-\zeta^2}\cdot\tan(\frac{\pi a}{2l})\right]-a \qquad (4.3.3)$$

式中: l 为狭长体的长度; a 为裂纹的长度。

此问题的边界条件如下:

$$\begin{cases} \sigma_{yy}=\sigma_{xy}=0, H_{yy}=H_{yx}=0, & y\pm\infty, -a<x<l-a \\ \sigma_{xx}=\sigma_{xy}=0, H_{xx}=H_{xy}=0, & -\infty<y<+\infty, x=-a, x=l-a \\ \sigma_{yy}=-p, \sigma_{xy}=0, H_{yy}=H_{yx}=0, & y=\pm0, -a<x<0 \end{cases}$$

$$(4.3.4)$$

联立上述边界条件与式(4.1.38),二维十次对称准晶带有单边裂纹狭长体的复式解的声子场方程为

$$h_4(z)+\overline{h_3(z)}+z\overline{h'_4(z)}=f_0(z), \quad z\in\partial\Omega \qquad (4.3.5)$$

其中

$$f_0(z)=\frac{i}{32c_1}\int_{-a}^{z}(T_x+iT_y)\,\mathrm{d}s=-\frac{1}{32c_1}\int_{-a}^{z}p\,\mathrm{d}z$$

$$= \begin{cases} -\dfrac{1}{32c_1} p(z+a), & -a < x < 0 \\ \\ 0, & \text{其他} \end{cases}$$

经过式(4.3.3)的保角变换下,式(4.3.5)变为关于未知函数 $h_3(\zeta)$ 与 $h_4(\zeta)$ 的函数方程:

$$h_4(\zeta) + \frac{1}{2\pi i} \int_\gamma \frac{\omega(\sigma)}{\omega'(\sigma)} \frac{\overline{h'_4(\sigma)}}{\sigma-\zeta} d\sigma + \overline{h_3(0)} = \frac{1}{2\pi i} \int_\gamma \frac{f_0}{\sigma-\zeta} d\sigma \quad (4.3.6a)$$

$$\overline{h_4(0)} + \frac{1}{2\pi i} \int_\gamma \frac{\overline{\omega(\sigma)}}{\omega'(\sigma)} \frac{h'_4(\sigma)}{\sigma-\zeta} d\sigma + h_3(\zeta) = \frac{1}{2\pi i} \int_\gamma \frac{\overline{f_0}}{\sigma-\zeta} d\sigma \quad (4.3.6b)$$

式中:σ 表示映射平面 $\zeta(\zeta = \xi + i\eta)$ 实轴 γ 上的值。

此外,我们知道 $\dfrac{\omega(\zeta)}{\omega'(\zeta)} \overline{h'_4(\zeta)}$ 在下半面 $\eta < 0$ 是解析的,同时无穷远处边界应力为零,这样就得

$$\lim_{z \to \infty} z \, \overline{h'_4(z)} = 0 \tag{4.3.7}$$

因此得

$$\lim_{\zeta \to \infty} \frac{\omega(\zeta)}{\omega'(\zeta)} \overline{h'_4(\zeta)} = \lim_{z \to \infty} z \, \overline{h'_4(z)} = 0 \tag{4.3.8}$$

采用 Cauchy 积分公式和解析延拓的知识,有

$$\frac{1}{2\pi i} \int_\gamma \frac{\omega(\sigma)}{\omega'(\sigma)} \frac{\overline{h'_4(\sigma)}}{\sigma-\zeta} d\sigma = 0 \tag{4.3.9}$$

可得

$$h_4(\zeta) = -\frac{1}{32c_1} \frac{1}{2\pi i} \int_{-1}^{1} \frac{p[\omega(\sigma) + a]}{\sigma-\zeta} d\sigma \tag{4.3.10}$$

关于 ζ 对式(4.3.10)求导,再利用分部积分法,得

$$h'_4(\zeta) = -\frac{1}{32c_1} \frac{1}{2\pi i} \int_{-1}^{1} \frac{p\omega'(\sigma)}{\sigma-\zeta} d\sigma \tag{4.3.11}$$

我们知道声子场应力分量与函数 $h'_4(\zeta)$ 之间存在下列关系:

$$\sigma_{xx} + \sigma_{yy} = 128 c_1 \mathrm{Re}\left[\frac{h'_4(\zeta)}{\omega'(\zeta)}\right] \tag{4.3.12}$$

其中

$$g'''_4(z) = h'_4(z) = \left(\frac{h'_4(\zeta)}{\omega'(\zeta)}\right)$$

将式(4.3.11)代入式(4.3.12),得到声子场应力强度因子的复势定义:

$$K = K_i - iK_{\text{II}} = \frac{\sqrt{\pi}}{16c_1} \lim_{\zeta \to 0} \frac{h'_4(\zeta)}{\sqrt{\omega''(\zeta)}} = \frac{\sqrt{\pi}}{16c_1} \frac{h'_4(0)}{\sqrt{\omega''(0)}} \qquad (4.3.13)$$

同时注意到,从式(4.3.3)出发,能够求出 $\omega''(0)$,将它们代入式(4.3.13),得到声子场应力强度因子的精确解:

$$K_i = p\sqrt{2l\tan\left(\frac{\pi a}{2l}\right)}, \quad K_{\text{II}} = 0 \qquad (4.3.14)$$

类似地,假定裂纹表面的正应力为零,而裂纹受到的是剪切应力 τ 的作用,那么应力强度因子相应地变为

$$K_i = 0, \quad K_{\text{II}} = \tau\sqrt{2l\tan\left(\frac{\pi a}{2l}\right)} \qquad (4.3.15)$$

再来看一个特例,如果当狭长体无限大的时候,即有 $\frac{\pi a}{2l} \to 0$,那么式(4.3.14)将会变为

$$K_i = p\sqrt{\pi a}, \quad K_{\text{II}} = 0 \qquad (4.3.16)$$

而式(4.3.15)将会变为

$$K_i = 0, \quad K_{\text{II}} = \tau\sqrt{\pi a} \qquad (4.3.17)$$

4.3.2　带有半无限裂纹的无限高狭长体的复势

首先考虑带有半无限裂纹的无限高的十次对称二维准晶狭长体的问题,如图 4.5 所示。同时假定裂纹穿透 x_3 方向,半无限裂纹上的一段 $y = 0, -a < x < 0$ 受到均衡压应力 p 或者剪切应力 τ 的作用。以裂纹尖端为坐标原点,建立坐标系。

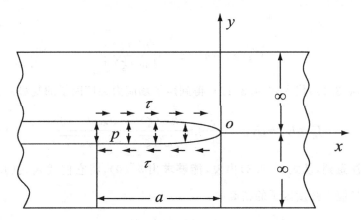

图 4.5 带有半无限裂纹的无限长狭长体的十次对称准晶

根据材料这种构型,采用如下的保角变换将材料所占区域 Ω 变换到映射平面 ζ 上的单位圆 γ 的内部:

$$z = \omega(\zeta) = a\left(1 + \frac{2\zeta}{1-\zeta}\right)^2 \tag{4.3.18}$$

式中:a 用来表示半无限裂纹受力的一段,在这个保角变换下,裂纹尖端 $z=0$ 变换为 $\zeta=-1$,而裂纹上下表面的点 $z=(-a,0^{\pm})$ 变换为 $\zeta=\pm i$。

首先来看模式 Ⅰ 问题,如图 4.5 所示,该问题的边界条件为

$$\begin{cases} y=0, \quad -a < x < 0: \quad \sigma_{yy} = -p, H_{yy}=0, \sigma_{xy}=-\tau, H_{xy}=0 \\ \quad\quad y=0, \quad x < -a: \quad \sigma_{yy}=0, H_{yy}=0, \sigma_{xy}=0, H_{xy}=0 \\ \quad\quad (x^2+y^2)^{\frac{1}{2}} \to \infty: \quad \sigma_{ij}=0, H_{ij}=0 \end{cases} \tag{4.3.19}$$

采用经过保角变换之后的未知复势函数 $h_3(z)=h_3(\zeta)$ 和 $h_4(z)=h_4(\zeta)$,它们需要满足的方程与 4.3.2 节一样,能够容易地得

$$\begin{cases} h_4(\zeta) + \overline{h_3(0)} + \dfrac{1}{2\pi i}\displaystyle\int_\gamma \dfrac{\omega(\sigma)}{\overline{\omega'(\sigma)}} \dfrac{\overline{h'_4(\sigma)}}{\sigma-\zeta} \mathrm{d}\sigma = \dfrac{1}{2\pi i}\displaystyle\int_\gamma \dfrac{f_0}{\sigma-\zeta}\mathrm{d}\sigma \\ h_3(\zeta) + \overline{h_4(0)} + \dfrac{1}{2\pi i}\displaystyle\int_\gamma \dfrac{\overline{\omega(\sigma)}}{\omega'(\sigma)} \dfrac{h'_4(\sigma)}{\sigma-\zeta} \mathrm{d}\sigma = \dfrac{1}{2\pi i}\displaystyle\int_\gamma \dfrac{\overline{f_0}}{\sigma-\zeta}\mathrm{d}\sigma \end{cases} \tag{4.3.20}$$

式中:σ 表示 ζ 在单位圆 γ 边界上的值,同时有

$$f_0(z) = \frac{i}{32c_1} \int (T_x + iT_y) \, \mathrm{d}s = \begin{cases} -\dfrac{1}{32c_1} p(\omega(\sigma)), & -a < x < 0 \\[2mm] -\dfrac{1}{32c_1} pa, & x < -a \end{cases}$$

(4.3.21)

式中:$h_4(\zeta)$ 与 $h_3(\zeta)$ 为单位圆 $|\zeta| < 1$ 内的单值解析函数。

求解式(4.3.20),能够得

$$h_4(\zeta) = -\frac{1}{32c_1} \left\{ -\frac{pa}{\pi i} \left[\frac{2\zeta}{(1-\zeta)^2} \ln \frac{1+i\zeta}{\zeta+i} - \ln \frac{\zeta+i}{\zeta-i} - \frac{2}{i(1-\zeta)} \right] \right\}$$

(4.3.22)

为了获得应力强度因子,必须要知道函数 $h'_4(\zeta)$ 在裂纹尖端的值。这里对式(4.3.22)求导,得

$$h'_4(\zeta) = -\frac{pa}{16c_1\pi} \left[\left(\frac{1}{1+\zeta^2} + \frac{1}{(1-\zeta)^2} \right) + \frac{1+\zeta}{i(1-\zeta)^3} \ln \frac{1+i\zeta}{\zeta+i} + \frac{2\zeta}{(1-\zeta)^2(1+\zeta^2)} \right]$$

(4.3.23)

与单边裂纹类似,声子场应力强度因子的复势定义为

$$K = K_{\mathrm{I}} - iK_{\mathrm{II}} = \frac{\sqrt{2\pi}}{16c_1} \lim_{\zeta \to -1} \left\{ \sqrt{\omega(\zeta) - \omega(-1)} \frac{h'_4(\zeta)}{\omega'(\zeta)} \right\} = \frac{\sqrt{\pi}}{16c_1} \frac{h'_4(-1)}{\sqrt{\omega''(-1)}}$$

(4.3.24)

利用式(4.3.18)将 $\omega''(-1)$ 求出,然后将它与式(4.3.23)中的 $h'_4(-1)$ 一起代入声子场应力强度因子的复势定义式(4.3.24),得

$$K_{\mathrm{I}} = \frac{2\sqrt{2a\pi}\,p}{\pi}$$

(4.3.25)

对于模式 II 问题,计算与模式 I 裂纹类似,这里不再重复。直接给出声子场应力强度因子的结果:

$$K_{\mathrm{II}} = \frac{2\sqrt{2a\pi}\,\tau}{\pi}$$

(4.3.26)

4.3.3 带有对称半无限裂纹的有限高狭长体的复势

考虑带有对称半无限裂纹的有限高的十次对称二维准晶狭长体的问题,这里狭长体的高不再是无限长,如图 4.6 所示。同时假定裂纹穿透 x_3 方向,裂纹上的一段 $y=0$, $-a<x<0$ 受到均衡压应力 p 或者剪切应力 τ 的作用。以裂纹尖端为坐标原点,建立坐标系。

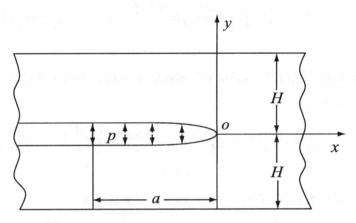

图 4.6 带有对称半无限裂纹的有限高狭长体的复势

该问题的边界条件如下:

$$\begin{cases} \sigma_{xy}=\sigma_{yy}=0, H_{xy}=H_{yy}=0, y=\pm H, -\infty<x<+\infty, \\ \sigma_{xx}=\sigma_{xy}=0, H_{xx}=H_{xy}=0, -H<y<H, x=\pm\infty, \\ \sigma_{yy}=\sigma_{xy}=0, H_{yy}=H_{xy}=0, -\infty<x<-a, y=0, \\ \sigma_{yy}=-p, \sigma_{xy}=0, H_{yy}=H_{xy}=0, -a<x<0, y=0 \end{cases} \quad (4.3.27)$$

式中:a 为对称半无限裂纹上受力段的长度;H 为狭长体的高度。

对于这个构型,采用如下保角变换:

$$z=\omega(\zeta)=\frac{H}{\pi}\ln\left[1+\left(\frac{1+\zeta}{1-\zeta}\right)^2\right] \quad (4.3.28)$$

它可以将带有裂纹的材料变换到映射平面 ζ 上单位圆 γ 的内部。在变换式

(4.3.28)的作用下,裂纹尖端 $z=0$ 变换为 $\zeta=-1$,而裂纹上下表面的点 $z=(-a,0^+)$ 和 $z=(-a,0^-)$ 分别变换为

$$
\begin{cases}
\sigma_{-a} = \dfrac{-e^{-\pi a/H} + 2i\sqrt{1-e^{-\pi a/H}}}{2 - e^{-\pi a/H}} \\[4mm]
\overline{\sigma_{-a}} = \dfrac{-e^{-\pi a/H} - 2i\sqrt{1-e^{-\pi a/H}}}{2 - e^{-\pi a/H}}
\end{cases}
\tag{4.3.29}
$$

根据边界条件,得到如下方程:

$$
\begin{cases}
h_4(\zeta) + \overline{h_3(0)} + \dfrac{1}{2\pi i}\displaystyle\int_\gamma \dfrac{\omega(\sigma)}{\omega'(\sigma)}\dfrac{\overline{h'_4(\sigma)}}{\sigma-\zeta}d\sigma = \dfrac{1}{2\pi i}\displaystyle\int_\gamma \dfrac{f_0}{\sigma-\zeta}d\sigma \\[4mm]
h_3(\zeta) + \overline{h_4(0)} + \dfrac{1}{2\pi i}\displaystyle\int_\gamma \dfrac{\overline{\omega(\sigma)}}{\omega'(\sigma)}\dfrac{h'_4(\sigma)}{\sigma-\zeta}d\sigma = \dfrac{1}{2\pi i}\displaystyle\int_\gamma \dfrac{\overline{f_0}}{\sigma-\zeta}d\sigma
\end{cases}
\tag{4.3.30}
$$

式中: $\sigma = e^{i\theta} = \zeta\big|_{|\zeta|=1}$ 表示 ζ 在单位圆 γ 边界上的值,同时有

$$
f_0(z) = \frac{i}{32c_1}\int (T_x + iT_y)\,ds =
\begin{cases}
-\dfrac{p}{32c_1}(z-z_1), & z\in(-a,0) \\[4mm]
0, & z\notin(-a,0)
\end{cases}
\tag{4.3.31}
$$

且 $h_4(\zeta)$ 与 $h_3(\zeta)$ 为单位圆 $|\zeta|<1$ 内的单值解析函数。

为了求得应力强度因子,只需要知道 $h'_4(\zeta)$ 就可以了。求解式 (4.3.30),得

$$
h'_4(\zeta) = \frac{1}{32c_1}\cdot\frac{Hp}{2\pi^2 i}\left\{\begin{aligned}
&\frac{\ln(\sigma-1)}{1-\zeta} - \frac{1+\zeta}{(1-\zeta)(1+\zeta^2)}\ln(\sigma-\zeta) - \\
&\frac{\zeta}{2(1+\zeta^2)}\ln(\sigma^2+1) + \frac{i}{2(1+\zeta^2)}\ln\left(\frac{\sigma-i}{\sigma+i}\right)
\end{aligned}\right\}\Bigg|_{\sigma_{-a}}^{\overline{\sigma_{-a}}}
$$

与前面类似,在裂纹尖端能获得相应的声子场模式Ⅰ裂纹应力强度因子:

$$
K_1^p = \frac{\sqrt{2Hp}}{\pi}\ln\frac{1+\sqrt{1-e^{-\pi a/H}}}{1-\sqrt{1-e^{-\pi a/H}}}
\tag{4.3.32}
$$

声子场模式Ⅱ裂纹应力强度因子为

$$K_{\mathrm{II}}^{\tau} = \frac{\sqrt{2H}\,\tau}{\pi} \ln \frac{1+\sqrt{1-\mathrm{e}^{-\pi a/H}}}{1-\sqrt{1-\mathrm{e}^{-\pi a/H}}} \tag{4.3.33}$$

4.3.4　带有非对称半无限裂纹的有限高狭长体的复势

最后考虑带有非对称半无限裂纹有限高的十次对称二维准晶狭长体的问题,如图 4.7 所示。同时假定裂纹穿透 z 方向,裂纹上的一段 $y=0$,$-a<x<0$ 受到均衡压应力 p 或者剪切应力 τ 的作用。以裂纹尖端为坐标原点,建立坐标系。

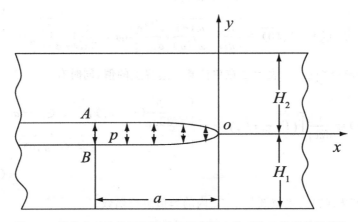

图 4.7　带有非对称半无限裂纹有限高的十次对称二维准晶狭长体

该问题对应的边界条件为

$$\begin{cases} \sigma_{xy}=\sigma_{yy}=0, H_{xy}=H_{yy}=0, y=H_2 \text{ 或 } y=-H_1, -\infty<x<+\infty \\ \sigma_{xx}=\sigma_{xy}=0, H_{xx}=H_{xy}=0, -H_1<y<H_2, \ x=\pm\infty \\ \sigma_{yy}=\sigma_{xy}=0, H_{yy}=H_{xy}=0, -\infty<x<-a, y=0 \\ \sigma_{yy}=-p, \sigma_{xy}=0, H_{yy}=H_{xy}=0, -a<x<0, y=0, \end{cases}$$

$$\tag{4.3.34}$$

式中:a 为非对称半无限裂纹上受力段的长度;H 为狭长体的高度。

对于这个构型,采用如下保角变换:

$$z = \omega(\zeta) = \frac{H_1}{\pi} \ln(1-\zeta) + \frac{H_2}{\pi} \ln\left(1 + \frac{H_1}{H_2}\zeta\right) \tag{4.3.35}$$

图 4.7 所示的带有裂纹的材料能被变换为映射平面 ζ 上的上半平面。在变换式 (4.3.35) 的作用下，物理平面上的点 A、O 和 B 分别被变换为映射平面 ζ 上的点 $\overline{\sigma_{-a}}$、0 和 σ_{-a}。

采用 4.3.3 节同样的方法，得

$$h'_4(\zeta) = \frac{1}{32c_1} \cdot \frac{p}{2\pi^2 i} \left\{ \frac{H_1}{1-\zeta} \cdot \ln\left(\frac{1-\sigma}{\sigma-\zeta}\right) + \frac{H_1}{1+H_1\zeta/H_2} \cdot \ln\left(\frac{1+H_1\sigma/H_2}{\sigma-\zeta}\right) \right\}\Big|_{\overline{\sigma_{-a}}}^{\sigma_{-a}} \tag{4.3.36}$$

声子场应力强度因子的复势定义为

$$K = K_i - iK_{\mathrm{II}} = \frac{\sqrt{2\pi}}{16c_1} \lim_{\zeta \to 0}\left\{ \sqrt{\omega(\zeta) - \omega(0)} \frac{h'_4(\zeta)}{\omega'(\zeta)} \right\} = \frac{\sqrt{\pi}}{16c_1} \frac{h'_4(0)}{\sqrt{\omega''(0)}} \tag{4.3.37}$$

利用式 (4.3.35) 将 $\omega''(0)$ 求出，然后将它与式 (4.3.36) 中的 $h'_4(0)$ 一起代入声子场应力强度因子的复势定义式 (4.3.37)，得

$$K_{\mathrm{I}}^{\mathrm{r}} = \frac{\sqrt{H_1}\,p}{\pi}\left(\frac{H_1+H_2}{H_2}\right)^{-\frac{1}{2}}\left[\ln\left(\frac{1+H_1\sigma_{-a}/H_2}{1-\sigma_{-a}}\right) - \ln\left(\frac{1+H_1\overline{\sigma_{-a}}/H_2}{1-\overline{\sigma_{-a}}}\right)\right] \tag{4.3.38a}$$

$$K_{\mathrm{II}}^{\mathrm{r}} = \frac{\sqrt{H}\,p}{\pi}\left(\frac{H_1+H_2}{H_2}\right)^{-\frac{1}{2}}\left[\ln\left(\frac{1+H_1\sigma_{-a}/H_2}{1-\sigma_{-a}}\right) - \ln\left(\frac{1+H_1\overline{\sigma_{-a}}/H_2}{1-\overline{\sigma_{-a}}}\right)\right] \tag{4.3.38b}$$

当 a、H_1 和 H_2 确定，σ_{-a} 也能容易确定，下面来看上面半无限裂纹问题的转化问题。

特别地，令 $H_1 = H_2 = H$，得到 $\sigma_{-a} = \sqrt{1 - e^{-\pi a/H}}$，代入式 (4.3.38a—b)，得

$$K_{\mathrm{I}}^{\mathrm{r}} = \frac{\sqrt{2H}\,p}{\pi} \ln\frac{1+\sqrt{1-e^{-\pi a/H}}}{1-\sqrt{1-e^{-\pi a/H}}} \tag{4.3.39a}$$

$$K_{\mathrm{II}}^{\mathrm{r}} = \frac{\sqrt{2H}\,\tau}{\pi} \ln\frac{1+\sqrt{1-e^{-\pi a/H}}}{1-\sqrt{1-e^{-\pi a/H}}} \tag{4.3.39b}$$

这就是式(4.3.32)和式(4.3.33),另外,如果令$\dfrac{a}{H}\to 0$,式(4.3.39)将会化为式(4.3.26)、式(4.3.27)。

第5章 三维准晶弹性问题的复变函数解法

前面讲到三维准晶是所有发现的准晶系里面发现最多的,也是发现最早的,这就决定了三维准晶的研究在准晶研究中占有核心地位。遗憾的是,由于三维准晶弹性理论涉及 36 个场变量和 36 个场方程,这说明三维准晶的弹性比一维、二维准晶的弹性研究更加复杂。到现在为止,三维准晶的理论研究是非常少的。自武汉大学准晶小组王仁卉、丁棣华、胡承正和杨文革利用群表示理论获取了三维二十面体准晶与三维立方准晶的独立弹性常数以来[169,170],关于它们的研究慢慢活跃起来。Neman 等采用转移矩阵法研究了三维准晶的相位子弹性[171]。范天佑、郭丽辉等获得了三维二十面体准晶平面弹性问题的最终控制方程和基本解[108]。接着李联和、范天佑采用复变函数法,提出几个应力势函数,重新获得了三维二十面体准晶平面弹性问题的最终控制方程和基本解[111,172],还提出了三维二十面体准晶的 Stroh 公式[173,174]。

在本章中,将更进一步讨论三维二十面体准晶弹性的一般复变函数理论和解析解。与前几章类似,继续采用分解和叠加原理,从而减少若干场变量和场方程,将三维弹性化为二维弹性与反平面弹性来处理。发展了经典弹性理论中的数学物理方法与复变函数理论,获得了一些有用的解析解。

5.1 三维二十面体准晶基本公式

由二十面体准晶的平面弹性理论可知,其声子场与相位子场中的应力、应变满足广义胡克定律:

$$\begin{cases} \sigma_{ij} = C_{ijkl}\varepsilon_{kl} + R_{ijkl}w_{kl} \\ H_{ij} = K_{ijkl}w_{kl} + R_{klij}\varepsilon_{kl} \end{cases} \quad ,i,j,k,l=1,2,3 \qquad (5.1.1)$$

其中

$$\varepsilon_{ij} = (\partial_j u_i + \partial_i u_j)/2, w_{ij} = \partial_j w_i, \partial_j = \partial/\partial x_j \qquad (5.1.2)$$

式中:C_{ijkl}和K_{ijkl}分别是声子场和相位子的弹性常数;R_{klij}是声子—相位子耦合弹性常数;u_i、w_i分别是声子场和相位子场的位移;σ_{ij}、H_{ij}分别为声子场和相位子场应力;ε_{ij}、w_{ij}分别为声子场和相位子场应变。其中

$$C_{ijkl} = \lambda\delta_{ij}\delta_{kl} + \mu(\delta_{ik}\delta_{jl} + \delta_{il}\delta_{jk}) \quad , \quad i,j,k,l=1,2,3$$

$$K = \begin{bmatrix} K_1 & 0 & 0 & 0 & K_2 & 0 & 0 & K_2 & 0 \\ 0 & K_1 & 0 & 0 & -K_2 & 0 & 0 & K_2 & 0 \\ 0 & 0 & K_2+K_1 & 0 & 0 & 0 & 0 & 0 & 0 \\ 0 & 0 & 0 & K_1-K_2 & 0 & K_2 & 0 & 0 & -K_2 \\ K_2 & -K_2 & 0 & 0 & K_1-K_2 & 0 & 0 & 0 & 0 \\ 0 & 0 & K_2 & 0 & K_1 & -K_2 & 0 & 0 \\ 0 & 0 & 0 & 0 & 0 & -K_2 & K_1-K_2 & 0 & -K_2 \\ K_2 & K_2 & 0 & 0 & 0 & 0 & 0 & K_1-K_2 & 0 \\ 0 & 0 & 0 & -K_2 & 0 & 0 & -K_2 & 0 & K_1 \end{bmatrix}$$

$$[R] = R\begin{bmatrix} 1 & 1 & 1 & 0 & 0 & 0 & 0 & 1 & 0 \\ -1 & -1 & 1 & 0 & 0 & 0 & 0 & -1 & 0 \\ 0 & 0 & -2 & 0 & 0 & 0 & 0 & 0 & 0 \\ 0 & 0 & 0 & 0 & 0 & -1 & 1 & 0 & -1 \\ 1 & -1 & 0 & 0 & 1 & 0 & 0 & 0 & 0 \\ 0 & 0 & 0 & -1 & 0 & -1 & 0 & 0 & 1 \\ 0 & 0 & 0 & 0 & 0 & -1 & 1 & 0 & -1 \\ 1 & -1 & 0 & 0 & 1 & 0 & 0 & 0 & 0 \\ 0 & 0 & 0 & -1 & 0 & -1 & 0 & 0 & 1 \end{bmatrix} \qquad (5.1.3)$$

由以上弹性常数矩阵,不难得到如下应力—应变关系:

$$
\begin{cases}
\sigma_{xx} = \lambda\theta + 2\mu\varepsilon_{xx} + R(w_{xx} + w_{yy} + w_{zz} + w_{xz}) \\
\sigma_{yy} = \lambda\theta + 2\mu\varepsilon_{yy} - R(w_{xx} + w_{yy} - w_{zz} + w_{xz}) \\
\sigma_{zz} = \lambda\theta + 2\mu\varepsilon_{yy} - 2Rw_{xz} \\
\sigma_{yz} = \sigma_{zy} = 2\mu\varepsilon_{yz} + R(w_{zy} - w_{xy} - w_{yx}) \\
\sigma_{zx} = \sigma_{xz} = 2\mu\varepsilon_{zx} + R(w_{xx} - w_{yy} - w_{zx}) \\
\sigma_{xy} = \sigma_{yx} = 2\mu\varepsilon_{xy} + R(w_{yx} - w_{yz} - w_{xy}) \\
H_{xx} = K_1 w_{xx} + K_2(w_{zz} + w_{xz}) + R(\varepsilon_{xx} - \varepsilon_{yy} + 2\varepsilon_{zx}) \\
H_{yy} = K_1 w_{yy} + K_2(w_{zz} - w_{xz}) + R(\varepsilon_{xx} - \varepsilon_{yy} - \varepsilon_{zx}) \\
H_{zz} = (K_1 + K_2)w_{zz} + R(\varepsilon_{xx} + \varepsilon_{yy} - 2\varepsilon_{zz}) \\
H_{yz} = (K_1 - K_2)w_{yz} + K_2(w_{xy} - w_{yx}) - 2R\varepsilon_{xy} \\
H_{zx} = (K_1 - K_2)w_{zx} + K_2(w_{xx} - w_{yy}) + 2R\varepsilon_{zx} \\
H_{xy} = K_1 w_{xy} + K_2(w_{yz} - w_{zy}) - 2R(\varepsilon_{yz} - \varepsilon_{xy}) \\
H_{zy} = (K_1 - K_2)w_{zy} - K_2(w_{xy} + w_{yx}) + 2R\varepsilon_{yz} \\
H_{xz} = (K_1 - K_2)w_{xz} + K_2(w_{xx} + w_{yy}) + R(\varepsilon_{xx} - \varepsilon_{yy}) \\
H_{yx} = K_1 w_{yx} - K_2(w_{yz} + w_{zy}) + 2R(\varepsilon_{xy} - \varepsilon_{yx})
\end{cases}
\tag{5.1.4}
$$

式中:$\theta = \varepsilon_{xx} + \varepsilon_{yy} + \varepsilon_{zz}$;$\lambda,\mu$ 为 lame 常数,并且 $\lambda = C_{12}$,$\mu = \dfrac{(C_{11} - C_{12})}{2}$。可以

得到在忽略体积力情况下的平衡方程:

$$
\begin{cases}
\dfrac{\partial \sigma_{xx}}{\partial x} + \dfrac{\partial \sigma_{xy}}{\partial y} + \dfrac{\partial \sigma_{xz}}{\partial z} = 0 \\[2mm]
\dfrac{\partial \sigma_{yx}}{\partial x} + \dfrac{\partial \sigma_{yy}}{\partial y} + \dfrac{\partial \sigma_{yz}}{\partial z} = 0 \\[2mm]
\dfrac{\partial \sigma_{zx}}{\partial x} + \dfrac{\partial \sigma_{zy}}{\partial y} + \dfrac{\partial \sigma_{zz}}{\partial z} = 0 \\[2mm]
\dfrac{\partial H_{xx}}{\partial x} + \dfrac{\partial H_{xy}}{\partial y} + \dfrac{\partial H_{xz}}{\partial z} = 0 \\[2mm]
\dfrac{\partial H_{yx}}{\partial x} + \dfrac{\partial H_{yy}}{\partial y} + \dfrac{\partial H_{yz}}{\partial z} = 0 \\[2mm]
\dfrac{\partial H_{zx}}{\partial x} + \dfrac{\partial H_{zy}}{\partial y} + \dfrac{\partial H_{zz}}{\partial z} = 0
\end{cases}
\tag{5.1.5}
$$

为了简便,仅考虑沿周期方向穿透整个材料的裂纹面情况。在这种情况下,有

$$\partial/\partial z=0 \tag{5.1.6}$$

由式(5.1.2),可以得到变形几何方程:

$$\begin{cases} \dfrac{\partial^2 \varepsilon_{xx}}{\partial y^2}+\dfrac{\partial^2 \varepsilon_{yy}}{\partial x^2}=2\dfrac{\partial^2 \varepsilon_{xy}}{\partial x \partial y}, & \dfrac{\partial^2 \varepsilon_{yz}}{\partial x^2}=\dfrac{\partial^2 \varepsilon_{zx}}{\partial x \partial y} \\[3mm] \dfrac{\partial w_{xx}}{\partial y}=\dfrac{\partial w_{xy}}{\partial x}, & \dfrac{\partial w_{yy}}{\partial x}=\dfrac{\partial w_{yx}}{\partial y}, \quad \dfrac{\partial w_{xx}}{\partial y}=\dfrac{\partial w_{zy}}{\partial x} \end{cases} \tag{5.1.7}$$

引入函数 $\varphi_1(x,y)$、$\varphi_2(x,y)$、$\psi_1(x,y)$、$\psi_2(x,y)$ 和 $\psi_2(x,y)$ 如下:

$$\begin{cases} \sigma_{xx}=\dfrac{\partial^2 \varphi_1}{\partial y^2}, \sigma_{xy}=\dfrac{\partial^2 \varphi_1}{\partial x \partial y}, \sigma_{yy}=\dfrac{\partial^2 \varphi_1}{\partial x^2}, \sigma_{zx}=\dfrac{\partial \varphi_2}{\partial y}, \sigma_{yz}=-\dfrac{\partial \varphi_2}{\partial x} \\[3mm] H_{xx}=\dfrac{\partial \psi_1}{\partial y}, H_{xy}=-\dfrac{\partial \psi_1}{\partial x}, H_{yx}=\dfrac{\partial \psi_2}{\partial y}, H_{yy}=-\dfrac{\partial \psi_2}{\partial x}, H_{zx}=\dfrac{\partial \psi_3}{\partial y}, H_{zy}=-\dfrac{\partial \psi_3}{\partial x} \end{cases} \tag{5.1.8}$$

这时平衡方程(5.1.5)将会自动满足。

可以反过来用应力把应变表示出来:

$$\varepsilon_{xx}=-\frac{1}{4p}\Big[\Big(\frac{3R^2-(K_1-K_2)(\lambda+2\mu)}{\lambda+\mu}-\frac{R^2(2K_2-K_1)}{\mu K_1-2R^2}\Big)\sigma_{xx}+$$

$$\Big(\frac{3R^2+\lambda(K_1+K_2)}{\lambda+\mu}+\frac{R^2(2K_2-K_1)}{\mu K_1-2R^2}\Big)\sigma_{yy}\Big]-$$

$$\frac{R}{2(\mu K_1-2R^2)}(H_{xx}+H_{yy}) \tag{5.1.9a}$$

$$\varepsilon_{yy}=-\frac{1}{4p}\Big[\Big(\frac{3R^2+\lambda(K_1+K_2)}{\lambda+\mu}+\frac{R^2(2K_2-K_1)}{\mu K_1-2R^2}\Big)\sigma_{xx}+$$

$$\Big(\frac{3R^2-(\lambda+2\mu)(K_1+K_2)}{\lambda+\mu}-\frac{R^2(2K_2-K_1)}{\mu K_1-2R^2}\Big)\sigma_{yy}\Big]+$$

$$\frac{R}{2(\mu K_1-2R^2)}(H_{xx}+H_{yy}) \tag{5.1.9b}$$

$$\varepsilon_{xy} = \varepsilon_{yx} = \frac{1}{2p}(K_1 + K_2 + \frac{R^2(2K_2 - K_1)}{\mu K_1 - 2R^2})\sigma_{xy} + \frac{R}{2(\mu K_1 - 2R^2)}(H_{xy} - H_{yx})$$

(5.1.9c)

$$\varepsilon_{xz} = \varepsilon_{zx} = -\frac{1}{2p}[-(K_1 + K_2)\sigma_{xz} + R(H_{xx} + H_{zz} - H_{yy})] \quad (5.1.9d)$$

$$\varepsilon_{yz} = \varepsilon_{zy} = -\frac{1}{2p}[-(K_1 + K_2)\sigma_{yz} - R(H_{xy} - H_{zy} + H_{yx})] \quad (5.1.9e)$$

$$w_{xx} = \frac{1}{q}\{\frac{1}{2}[R(2K_2 - K_1) + \frac{R^2(2K_2 - K_1)(\mu K_2 - 2R^2)}{\mu K_1 - 2R^2}](\sigma_{xx} - \sigma_{yy}) + R$$

$$(2K_2 - K_1)\sigma_{xz} + [\mu(K_1 - K_2) - R^2 - \frac{(\mu K_2 - 2R^2)^2}{\mu K_1 - 2R^2}]H_{xx} -$$

$$\frac{(\mu K_2 - 2R^2)^2}{\mu K_1 - 2R^2}H_{yy} - (\mu K_2 - 2R^2)H_{zz}\} \quad (5.1.9f)$$

$$w_{yy} = \frac{1}{q}\{\frac{1}{2}[R(2K_2 - K_1) + \frac{R^2(2K_2 - K_1)(\mu K_2 - 2R^2)}{\mu K_1 - 2R^2}](\sigma_{xx} - \sigma_{yy}) - R$$

$$(2K_2 - K_1)\sigma_{xz} - \frac{(\mu K_2 - 2R^2)^2}{\mu K_1 - 2R^2}H_{xx} + [\mu(K_1 - K_2) - R^2 -$$

$$\frac{(\mu K_2 - 2R^2)^2}{\mu K_1 - 2R^2}]H_{yy} + (\mu K_2 - 2R^2)H_{zz}\} \quad (5.1.9g)$$

$$w_{xy} = \frac{1}{q}\{-[R(2K_2 - K_1) + \frac{R(2K_2 - K_1)(\mu K_2 - 2R^2)}{\mu K_1 - 2R^2}]\sigma_{xy} - R(2K_2 -$$

$$K_1)\sigma_{yz} + [\mu(K_1 - K_2) - R^2 - \frac{(\mu K_2 - 2R^2)^2}{\mu K_1 - 2R^2}]H_{xy} + \frac{(\mu K_2 - 2R^2)^2}{\mu K_1 - 2R^2}$$

$$H_{yx} + (\mu K_2 - 2R^2)H_{zy}\} \quad (5.1.9h)$$

$$w_{yx} = \frac{1}{q}\{[R(2K_2 - K_1) + \frac{R(2K_2 - K_1)(\mu K_2 - 2R^2)}{\mu K_1 - 2R^2}]\sigma_{xy} - R(2K_2 - K_1)$$

$$\sigma_{yz} + \frac{(\mu K_2 - 2R^2)^2}{\mu K_1 - 2R^2}H_{xy} + [\mu(K_1 - K_2) - R^2 - \frac{(\mu K_2 - 2R^2)^2}{\mu K_1 - 2R^2}]H_{yx} +$$

$$(\mu K_2 - 2R^2)H_{zy}\} \quad (5.1.9i)$$

$$w_{zx} = \frac{1}{q} \left[(\mu K_2 - 2R^2)(H_{yy} - H_{xx}) + (\mu K_1 - 2R^2)H_{zx} + R(2K_2 - K_1)\sigma_{xz} \right]$$

$$(5.1.9j)$$

$$w_{zy} = \frac{1}{q} \left[(\mu K_2 - 2R^2)(H_{xy} + H_{yx}) + (\mu K_1 - 2R^2)H_{zy} + R(2K_2 - K_1)\sigma_{yz} \right]$$

$$(5.1.9k)$$

其中:$p = \mu(K_1 + K_2) - 3R^2$,$q = (K_1 - 2K_2)p$。

可以得到由应力表示的变形协调方程,再将式(5.1.8)代入,经过大量计算和化简得

$$\frac{1}{2} \left(\frac{1}{\lambda + \mu} + \frac{K_1}{\mu K_1 - 2R^2} \right) \nabla^2 \nabla^2 \varphi_1 + \frac{R}{\mu K_1 - 2R^2} \left(\frac{\partial}{\partial y} \Pi_1 \psi_1 + \frac{\partial}{\partial x} \Pi_2 \psi_2 \right) = 0$$

$$(5.1.10a)$$

$$(K_1 + K_2) \nabla^2 \varphi_2 + R \left(\Lambda^2 \psi_1 - 2 \frac{\partial^2}{\partial x \partial y} \psi_2 - \nabla^2 \psi_3 \right) = 0 \qquad (5.1.10b)$$

$$-R(2K_2 - K_1) \nabla^2 \varphi_2 - (\mu K_2 - R^2) \left(\Lambda^2 \psi_1 - 2 \frac{\partial^2}{\partial x \partial y} \psi_2 + \nabla^2 \psi_3 \right) = 0$$

$$(5.1.10c)$$

$$c_1 \frac{\partial}{\partial x} \Pi_2 \varphi_1 - 2R(2K_2 - K_1) \frac{\partial^2}{\partial x \partial y} \varphi_2 - c_2 \nabla^2 \psi_2 + 2(\mu K_2 - R^2) \frac{\partial^2}{\partial x \partial y} \psi_3 = 0$$

$$(5.1.10d)$$

$$-c_1 \frac{\partial}{\partial y} \Pi_1 \varphi_1 - R(2K_2 - K_1) \Lambda^2 \varphi_2 + c_2 \nabla^2 \psi_1 + (\mu K_2 - R^2) \Lambda^2 \psi_3 = 0$$

$$(5.1.10e)$$

其中,算子如下定义:

$$\nabla^2 = \frac{\partial^2}{\partial x^2} + \frac{\partial^2}{\partial y^2}, \Lambda^2 = \frac{\partial^2}{\partial x^2} - \frac{\partial^2}{\partial y^2}$$

$$\Pi_1 = 3 \frac{\partial^2}{\partial x^2} - \frac{\partial^2}{\partial y^2}, \Pi_2 = 3 \frac{\partial^2}{\partial y^2} - \frac{\partial^2}{\partial x^2}$$

常数为

$$c_1 = \frac{R(2K_2 - K_1)(\mu K_1 + \mu K_2 - 3R^2)}{2(\mu K_1 - 2R^2)}, \quad c_2 = \mu(K_1 - K_2) - R^2 - \frac{(\mu K_2 - R^2)^2}{\mu K_1 - 2R^2}$$

并且可得 $K_2 \varphi_2 = R \psi_3$。

于是,得

$$\left[c_1 R + \frac{c_2}{2}\left(\frac{\mu K_1 - 2R^2}{\lambda + \mu} + K_1\right)\right] \nabla^2 \nabla^2 \nabla^2 \varphi_1 + c_3 R \frac{\partial}{\partial y}\left(2 \frac{\partial^2}{\partial x^2} \Pi_2 - \left(\frac{\partial^2}{\partial x^2} - \frac{\partial^2}{\partial y^2}\right)\Pi_1\right)\varphi_2 = 0$$

$$(5.1.11)$$

经过化简和计算,引进一个应力势函数 G,可以得

$$\nabla^2 \nabla^2 \nabla^2 \nabla^2 \nabla^2 \nabla^2 G + cL_1 G = 0 \qquad (5.1.12)$$

其中常数

$$c = -\frac{c_1 c_3 R^2}{\left[c_1 R + \frac{c_2}{2}\left(\frac{\mu K_1 - 2R^2}{\lambda + \mu} + K_1\right)\right]}, c_3 = \frac{1}{R}K_2(\mu K_2 - R^2) - R(2K_2 - K_1)$$

算子

$$L_1 = \frac{\partial^2}{\partial y^2}\left(5 \frac{\partial^4}{\partial x^4} - 10 \frac{\partial^4}{\partial x^2 \partial y^2} + \frac{\partial^4}{\partial y^4}\right)^2 \qquad (5.1.13)$$

应力势函数可以这样表示出来:

$$\begin{cases} \varphi_1 = c_2 c_3 R \dfrac{\partial}{\partial y}\left[\dfrac{\partial^2}{\partial x^2}\Pi_2 - \Lambda^2 \Pi_1\right]\nabla^2 \nabla^2 G \\[2mm] \varphi_2 = -c_2 c_4 \nabla^2 \nabla^2 \nabla^2 \nabla^2 \nabla^2 G \\[2mm] \psi_1 = c_1 c_3 R \dfrac{\partial^2}{\partial y^2}\left[2 \dfrac{\partial^2}{\partial x^2}\Pi_1 \Pi_2 - \Lambda^2 \Pi_1{}^2\right]\nabla^2 G + c_3 c_4 \Lambda^2 \nabla^2 \nabla^2 \nabla^2 \nabla^2 G \\[2mm] \psi_2 = c_1 c_3 R \dfrac{\partial^2}{\partial x \partial y}\left[2 \dfrac{\partial^2}{\partial x^2}\Pi_2{}^2 - \Lambda^2 \Pi_1 \Pi_2\right]\nabla^2 G - 2c_3 c_4 \dfrac{\partial^2}{\partial x \partial y}\nabla^2 \nabla^2 \nabla^2 \nabla^2 G \\[2mm] \psi_3 = -\dfrac{1}{R}K_2 c_2 c_4 \nabla^2 \nabla^2 \nabla^2 \nabla^2 \nabla^2 G \end{cases}$$

$$(5.1.14)$$

其中,常数

$$c_4 = c_1 R + \frac{1}{2} c_2 (K_1 + \frac{\mu K_1 - 2R^2}{\lambda + \mu})$$

对于准晶,明显有 $\dfrac{R^2}{\mu K_1} \ll 1$,便可以知道 $c \ll 1$。这样把复杂的方程变成如下简单形式:

$$\nabla^2 \nabla^2 \nabla^2 \nabla^2 \nabla^2 \nabla^2 G = 0 \tag{5.1.15}$$

这就是三维二十面体准晶平面弹性问题的最终控制方程。

与第 4 章求解四重调和方程类似,三维二十面体准晶平面弹性问题应力势函数 G 可以由六个解析函数 $g_i(z)(i = 1, 2, \cdots, 6)$ 表示如下:

$$G = \frac{1}{128} \mathrm{Re}\,[g_1(z) + \bar{z} g_2(z) + \bar{z}^2 g_3(z) + \bar{z}^3 g_4(z) + \bar{z}^4 g_5(z) + \bar{z}^5 g_6(z)]$$

$$\tag{5.1.16}$$

式中:$g_i(z)(i = 1, 2, \cdots\cdots, 6)$ 是以复变量 $z = x + iy$ 为自变量的任意解析函数。

再来看应力和位移的复表示,将式(5.1.16)代入式(5.1.8),有

$$
\begin{cases}
\sigma_{xx} + \sigma_{yy} = 48 c_3 c_2 R \,\mathrm{Im}\,\Gamma'(z), \quad \sigma_{yy} - \sigma_{xx} + 2i\sigma_{xy} = 8i c_3 c_2 R (12\,\overline{\psi'(z)} - \Omega'(z)) \\[2mm]
\sigma_{zy} - i\sigma_{zx} = -960 c_2 c_4 f'_6(z), \quad \sigma_{zz} = \frac{24\lambda R}{\lambda + \mu} c_3 c_2 \,\mathrm{Im}\,\Gamma'(z) \\[2mm]
H_{xy} - H_{yx} - i(H_{xx} + H_{yy}) = -96 c_3 c_5\,\overline{\psi'(z)} - 8 c_1 c_3 R \Omega'(z) \\[2mm]
H_{xy} + H_{yx} + i(H_{xx} - H_{yy}) = -480 c_3 c_5\,\overline{f'_6(z)} - 4 c_1 c_3 R \Theta'(z) \\[2mm]
H_{yz} + i H_{xz} = 48 c_3 c_6 \Gamma'(z) - 4 c_3 R^2 (2K_2 - K_1)\overline{\Omega'(z)} \\[2mm]
H_{zz} = \frac{24 R^2}{(\lambda + \mu)} c_3 c_2 \,\mathrm{Im}\,\Gamma'(z)
\end{cases}
\tag{5.1.17}
$$

其中

$$\psi(z) = f_5(z) + 5\bar{z} f'_6(z)$$

$$\Theta(z) = f_2(z) + 2\bar{z} f'_3(z) + 3\bar{z}^2 f''_4(z) + 4\bar{z}^3 f'''_5(z) + 5\bar{z}^4 f_6^{(IV)}(z)$$

$$\Gamma(z) = f_4(z) + 4\bar{z} f'_5(z) + 10\bar{z}^2 f'_6(z)$$

$$\Omega(z) = f_3(z) + 3\bar{z} f'_4(z) + 6\bar{z}^2 f''_5(z) + 10\bar{z}^3 f'''_6(z)$$

并且常数

$$c_5 = 2c_4 - c_1 R , \quad c_6 = (2K_2 - K_1)R^2 - 4c_4 \frac{\mu K_2 - R^2}{\mu K_1 - 2R^2}$$

然后将应力的复表示式(5.1.17)代入由应力分量表示的应变分量,再利用变形几何方程,可以得到位移分量的复表示如下:

$$\begin{cases} u_y + iu_x = -6c_3 R \left(\frac{2c_2}{\lambda + \mu} + c_7 \right) \overline{\Gamma(z)} - 2c_3 c_7 R \Omega(z) \\[2ex] u_z = \frac{4}{\mu(K_1 + K_2) - 3R^2} (240c_{10} \operatorname{Im} f_6(z) + c_1 c_3 R^2 \operatorname{Im}(\Theta(z) - 2\Omega(z) + \\[2ex] \quad 6\Gamma(z) - 24\psi(z))) \\[2ex] w_y + iw_x = -\frac{R}{c_1(\mu K_1 - 2R^2)} (24c_9 \overline{\psi(z)} - c_8 \Theta(z)) \\[2ex] w_z = \frac{4(\mu K_2 - R^2)}{R(K_1 - 2K_2)(\mu(K_1 + K_2) - 3R^2)} (240c_{10} \operatorname{Im} f_6(z) + c_3 c_1 R^2 \operatorname{Im}(\Theta(z) - \\[2ex] \quad 2\Omega(z) + 6\Gamma(z) - 24\psi(z))) \end{cases}$$

$$(5.1.18)$$

其中常数

$$c_7 = \frac{c_2 K_1 + 2c_1 R}{\mu K_1 - 2R^2},$$

$$c_8 = c_1 c_3 R (\mu(K_1 - K_2) - R^2)$$

$$c_9 = c_8 + 2c_3 c_4 \left(c_2 - \frac{(\mu K_2 - R^2)^2}{\mu K_1 - 2R^2} \right)$$

$$c_{10} = c_1 c_3 R^2 - c_4 (c_3 R - c_2 K_1)$$

可以看出,函数 $g_1(z)$ 没有被用到,这样使得求解变得简单些了,在上面的计算过程中已经采用了以下的新记号:

$$g_2^{(9)}(z) = f_2(z), \quad g_3^{(8)}(z) = f_3(z), \quad g_4^{(7)}(z) = f_4(z)$$

$$g_5^{(6)}(z) = f_5(z), \quad g_6^{(5)}(z) = f_6(z) \qquad (5.1.19)$$

式中: $g_i^{(\cdot)}(z)$ 表示函数 $g_i(z)$ 关于变量 z 的 n 阶导数。

当二十面体准晶中的应力和位移已经确定时，来看 $f_i(z)(i=1,2,\cdots,6)$ 的确定程度，把公式做如下变换：

$$
\begin{cases}
\sigma_{zy}-i\sigma_{zx}=-960c_2c_4f'_6(z) \\
c_1(\sigma_{yy}-\sigma_{xx}-2i\sigma_{xy})+ic_2[H_{xy}-H_{yx}+i(H_{xx}+H_{yy})]=-192ic_2c_3c_4\psi'(z) \\
2c_1(H_{yz}+iH_{zz})-R(2K_2-K_1)[H_{xy}-H_{yx}+i(H_{xx}+H_{yy})] \\
\qquad\qquad =96c_3c_5R(2K_2-K_1)\psi'(z)+96c_1c_3c_6\Gamma'(z) \\
c_5(\sigma_{yy}-\sigma_{xx}+2i\sigma_{xy})+ic_2R[H_{xy}-H_{yx}-i(H_{xx}+H_{yy})]=-16ic_2c_3c_4\Theta'(z) \\
H_{xy}+H_{yx}+i(H_{xx}-H_{yy})=-480c_3c_5\overline{f'_6(z)}-4c_1c_3R\Theta'(z)
\end{cases}
$$

$$(5.1.20)$$

通过上面的改写，经过和点群 10 二维准晶类似的分析可知：

$$f_i(z)\text{被}\ f_i(z)+\gamma_i\ \text{代替}\ (\gamma_i\ \text{为复常数})\ (i=2,3,4,\cdots,6) \quad (5.1.21)$$

声子场应力和相位子场应力均保持不变。因此，我们在不改变应力状态的条件下，可以任意选择复常数 $\gamma_i(i=2,3,\cdots,6)$。

还需要知道上面的代换如何才不至于改变位移。在忽略复杂的讨论过程后，这些条件如下：

$$
\begin{cases}
3\left(\dfrac{2c_2}{\lambda+\mu}+c_7\right)\overline{\gamma_4}+c_7\gamma_3=0 \\[2mm]
24c_9\overline{\gamma_5}-c_8\gamma_2=0 \\[2mm]
40c_{10}\gamma_6-c_1c_3R^2\left(4\left(1-\dfrac{c_9}{c_8}\right)\overline{\gamma_5}-\dfrac{2c_2}{(\lambda+\mu)c_7}\gamma_4\right)=0
\end{cases}
\qquad (5.1.22)
$$

再来看二十面体准晶平面弹性的应力边界条件：

$$
\begin{cases}
\sigma_{xx}l+\sigma_{xy}m=T_x,(x,y)\in L \\
\sigma_{yx}l+\sigma_{yy}m=T_y,(x,y)\in L \\
H_{xx}l+H_{xy}m=h_x,(x,y)\in L \\
H_{yx}l+H_{yy}m=h_y,(x,y)\in L \\
\sigma_{zx}l+\sigma_{zy}m=0,(x,y)\in L \\
H_{zx}l+H_{zy}m=0,(x,y)\in L
\end{cases}
\qquad (5.1.23)
$$

式中：$l = \dfrac{\mathrm{d}y}{\mathrm{d}s}$；$m = -\dfrac{\mathrm{d}x}{\mathrm{d}s}$；$T_x$、$T_y$ 表示面力的分量；h_x、h_y 表示广义面力的分量；

L 表示裂纹的边界。

将应力的复表示代入边界条件，得到

$$-4c_2 c_3 R[3(f_4(z) + 4\bar{z}f_5{}'(z) + 10\bar{z}^2 f''_6(z)) - (\overline{f_3(z)} + 3z\,\overline{f'_4(z)} + 6z^2$$

$$\overline{f''_5(z)} + 10z^3\,\overline{f'''_6(z)})] = i\int (T_x + iT_y)\mathrm{d}s \tag{5.1.24}$$

上式取共轭得

$$-4c_2 c_3 R[3(\overline{f_4(z)} + 4z\,\overline{f'_5(z)} + 10z^2\,\overline{f''_6(z)}) - (f_3(z) + 3\bar{z}f'_4(z) +$$

$$6\bar{z}^2 f''_5(z) + 10\bar{z}^3 f'''_6(z))] = -i\int (T_x - iT_y)\mathrm{d}s \tag{5.1.25}$$

还有

$$48c_3(2c_4 - c_1 R)\,\overline{\psi(z)} + 2c_1 c_3 R\Theta(z) = i\int (h_x + ih_y)\mathrm{d}s$$

$$f_6(z) + \overline{f_6(z)} = 0$$

$$4c_{11}\operatorname{Re}[f_5(z) + 5\bar{z}f'_6(z)] + (2K_2 - K_1)R\operatorname{Re}[f_4(z) + 4\bar{z}f'_5(z) +$$

$$10\bar{z}^2 f''_6(z) + 20f_6(z)] = 0$$

$$\tag{5.1.26}$$

其中常数如下：

$$c_{11} = (2K_2 - K_1)R - \frac{4c_4(\mu K_2 - R^2)}{(\mu K_1 - 2R^2)R}$$

类似二维点群 10 面体准晶，为了保证应力和位移的单值性，来看在有限多连通区域内复应力函数 $f_i(z)(i = 2, 3, \cdots, 6)$ 的表达式是什么样的。

假设物体的区域为有限多连通，如图 5.1 所示。

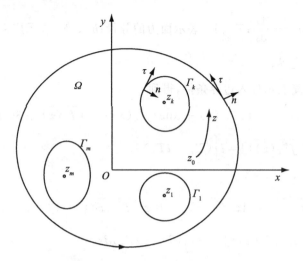

图 5.1　有限多连通的物体的区域

假定 Γ_k 均是光滑的曲线并且互不相交,同时 $\Gamma_k(k=1,2,\cdots,m)$ 均包含在 Γ_0 的内部,和通常一样,每条边界 Γ_k 的正方向规定为当一个人沿 Γ_k 前进时区域总保持在人的左侧图中的箭头方向即为 Γ_k 的正方向。为了方便,先考虑一个内边界 Γ_k 和一个外边界 Γ_0 的情况。

因为应力分量必须是单值的,而应力分量能用上面的复变函数表示出来,即为

$$\sigma_{zy}-i\sigma_{zx}=-960c_2c_4f'_6(z) \tag{5.1.27}$$

因此 $f'_6(z)$ 必须是单值的。又区域是多连通的,所以解析函数 $f_6(z)$ 的不定积分如下:

$$f_6(z)=\int_{z_0}^{z}f'_6(z)\mathrm{d}z+C\ ,C\ \text{为常数} \tag{5.1.28}$$

但是 $f_6(z)$ 有可能是多值函数,其中 z_0 为区域内的定点,z 为动点,C 为复常数,所以得到

$$f_6(z)=b_k\ln(z-z_k)+f_{6*}(z) \tag{5.1.29}$$

式中:b_k 为复常数;而 $f_{6*}(z)$ 为区域内的单值解析函数。

将式(5.1.29)代入式(5.1.20)第二式,得到

$$c_1(\sigma_{yy}-\sigma_{xx}-2i\sigma_{xy})+ic_2[H_{xy}-H_{yx}+i(H_{xx}+H_{yy})]=-192ic_2c_3c_4\psi'(z)$$

$$(5.1.30)$$

并且我们知道 $f''_6(z)$ 是单值解析的,那么由式(5.1.20)第二式的表达式可以知道 $f'_5(z)$ 必须是单值解析的,所以 $f_5(z)$ 的表达式如下:

$$f_5(z)=c_k\ln(z-z_k)+f_{5*}(z) \qquad (5.1.31)$$

式中:c_k 为复常数;$f_{5*}(z)$ 为区域内的单值解析函数。

由应力的复表示,能够经过类似的讨论获得 $f_i(z)(i=2,3,4)$ 的表达式如下:

$$\begin{cases} f_4(z)=d_k\ln(z-z_k)+f_{4*}(z) \\ f_3(z)=e_k\ln(z-z_k)+f_{3*}(z) \\ f_2(z)=t_k\ln(z-z_k)+f_{2*}(z) \end{cases} \qquad (5.1.32)$$

式中:d_k,e_k,t_k 为复常数;$f_{i*}(z)(i=2,3,4)$ 为区域内的单值解析函数。

将式(5.1.29)、式(5.1.31)和式(5.1.32)代入位移表达式的复表示式(5.1.18)中,即可以获得位移的单值性要求:

$$\begin{cases} -3(\dfrac{2c_2}{\lambda+\mu}+c_7)\overline{d_k}+c_7e_k=0 \\[2mm] 24c_9\overline{c_k}+c_8t_k=0 \\[2mm] 240c_{10}b_k+c_1c_3R^2(t_k-2e_k+6d_k-24c_k)=0 \end{cases} \qquad (5.1.33)$$

把式(5.1.23)应用于内边界 Γ_k,并且结合式(5.1.28)~式(5.1.32),可以获得用内边界 Γ_k 上的面力和广义面力表示的复常数如下:

$$\begin{cases} b_k=\dfrac{c_1c_3R^2}{240c_{10}}\left[\dfrac{12c_2}{(\lambda+\mu)c_7}\overline{d_k}+24(1+\dfrac{c_9}{c_8}c_k)\right] \\[4mm] c_k=\dfrac{c_8}{-96\pi[c_3c_8R^2(2c_4-c_1R)-c_1c_3c_9R]}(h_x-ih_y) \\[4mm] t_k=\dfrac{c_9}{4\pi[c_3c_8(2c_4-c_1R)-c_1c_3c_9R]}(h_x+ih_y) \\[4mm] d_k=\dfrac{(\lambda+\mu)c_7}{24\pi c_2c_3R(2c_2+(\lambda+\mu)c_7)}(T_x+iT_y) \\[4mm] e_k=-\dfrac{2c_2+(\lambda+\mu)c_7}{16\pi c_2{}^2c_3R}(T_x-iT_y) \end{cases} \qquad (5.1.34)$$

而对于具有 m 个内边界和一个外边界的一般多连体,可以将上面的论证推广得到一般的表达式,具体过程与上面类似,这里从略。

当有限多连体变成多连体时,如孔边的应力集中、裂纹问题等。令 Γ_0 趋于无穷大时,有限多连体就变成多连体。还要考虑 $f_i(z)(i=2,3,\cdots,6)$ 在无限远处的性质。

以原点为圆心,作半径为 R 的大圆周 L_R,使所有的 $T_k(k=1,2,\cdots,m)$ 都被包含在其内部。类似于二维点群 10 准晶的讨论,有

$$
\begin{cases}
f_6(z)=\sum_{k=1}^{m}b_k\ln z+f_{6**}(z) \\[2mm]
f_5(z)=\sum_{k=1}^{m}c_k\ln z+f_{5**}(z) \\[2mm]
f_4(z)=\sum_{k=1}^{m}d_k\ln z+f_{4**}(z) \\[2mm]
f_3(z)=\sum_{k=1}^{m}e_k\ln z+f_{3**}(z) \\[2mm]
f_2(z)=\sum_{k=1}^{m}t_k\ln z+f_{2**}(z)
\end{cases}
\tag{5.1.35}
$$

式中:$f_{i**}(z)(i=2,3,\cdots,6)$ 是 L_R 之外的解析函数,但在无穷远点处却不一定。根据罗尔定理,在 L_R 外,$f_{i**}(z)(i=2,3,\cdots,6)$ 可以展开成级数形式:

$$
f_{i**}(z)=\sum_{-\infty}^{\infty}a_{in}z^n,\ i=2,3,\cdots,6
\tag{5.1.36}
$$

将式(5.1.35)和式(5.1.36)代入式(5.1.20)第一式,得

$$
\sigma_{zy}-i\sigma_{zx}=-960c_2c_4\left(\sum_{k=1}^{m}b_k\frac{1}{z}+\sum_{-\infty}^{\infty}na_{6n}z^{n-1}\right)
\tag{5.1.37}
$$

从式(5.1.37)可以看出,当 $|z|\to\infty$ 时,$\sum_{-\infty}^{\infty}na_{6n}z^{n-1}\to\infty$。因此,为了使无限远处应力有界,就必须

$$
a_{6n},\ n\geqslant 2
\tag{5.1.38}
$$

同样可以看出,当 $|z|\to\infty$ 时,为了保持应力有界还必须有

$$
a_{in};n\geqslant 2,\ i=2,3,\cdots,5
\tag{5.1.39}
$$

于是,在应力保持有限的条件下,可以获得复函数 $f_i(z)(i=2,3,\cdots,6)$ 的表达式,例如

$$f_6(z) = \sum_{k=1}^m b_k \ln z + (B+iC)z + f_6^0(z) \tag{5.1.40}$$

式中:B、C 为实常数;$f_6^0(z)$ 是 L_R 之外包括无限远处在内的解析函数。

5.2　三维准晶椭圆孔边一段上受均布压力

由于三维受内压的平面孔洞或裂纹解和二维有点不同,在求解形式上基本相同。那么在这里把求解过程尽量简单化。

首先计算三维二十面体准晶椭圆孔边一段受到压力的问题的应力和位移场,如图 5.2 所示。

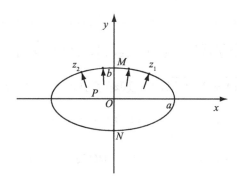

图 5.2　椭圆孔边一段上受均布应力作用

三维二十面体准晶应力边界条件能够如下写出:

$$\begin{cases} \sigma_{xx}l + \sigma_{xy}m = T_x, (x,y) \in L \\ \sigma_{yx}l + \sigma_{yy}m = T_y, (x,y) \in L \\ H_{xx}l + H_{xy}m = h_x, (x,y) \in L \\ H_{yx}l + H_{yy}m = h_y, (x,y) \in L \\ \sigma_{zx}l + \sigma_{zy}m = 0, (x,y) \in L \\ H_{zx}l + H_{zy}m = 0, (x,y) \in L \end{cases} \tag{5.2.1}$$

式中：$l = \dfrac{\mathrm{d}y}{\mathrm{d}s}$；$m = -\dfrac{\mathrm{d}x}{\mathrm{d}s}$；$T_x$、$T_y$ 表示面力的分量；h_x、h_y 表示广义面力的分量；L 表示裂纹的边界。并且我们知道，只要求出 $f_i(z)(i = 2, 3, \cdots, 6)$，整个应力场和位移场就被确定了。

此外，还有

$$(X + iY)\mathrm{d}s = \begin{cases} ip\,\mathrm{d}z, \overset{\frown}{z_1 M z_2} \\ 0, z \in \overset{\frown}{z_2 N z_1} \end{cases} \tag{5.2.2}$$

式中：$X_n = -p\cos(n, x)$，$Y_n = -p\cos(n, y)$，它们代表弧 $\overset{\frown}{z_1 M z_2}$ 上的面力分量；X^h 和 Y^h 代表广义面力分量；n 代表边界上任意一点的外法线向量。由于缺乏实验数据，这里假定 $X^h = 0$，$Y^h = 0$。

再把边界条件具体化如下：

$$-4c_2 c_3 R[3(f_4(z) + 4\bar{z}f'_5(z) + 10\bar{z}^2 f''_6(z)) - (\overline{f_3(z)} + 3z\,\overline{f'_4(z)} +$$

$$6z^2\,\overline{f''_5(z)} + 10z^3\,\overline{f'''_6(z)})] = i\int (T_x + iT_y)\mathrm{d}s \tag{5.2.3}$$

$$-4c_2 c_3 R[3(\overline{f_4(z)} + 4z\,\overline{f'_5(z)} + 10z^2\,\overline{f''_6(z)}) - (f_3(z) + 3\bar{z}f'_4(z) +$$

$$6\bar{z}^2 f''_5(z) + 10\bar{z}^3 f'''_6(z))] = -i\int (T_x - iT_y)\mathrm{d}s \tag{5.2.4}$$

$$48c_3(2c_4 - c_1 R)\,\overline{\psi(z)} + 2c_1 c_3 R\Theta(z) = i\int (h_x + ih_y)\mathrm{d}s \tag{5.2.5}$$

$$f_6(z) + \overline{f_6(z)} = 0 \tag{5.2.6}$$

$$4c_{11}\mathrm{Re}[f_5(z) + 5\bar{z}f'_6(z)] +$$

$$(2K_2 - K_1)R\,\mathrm{Re}[f_4(z) + 4\bar{z}f'_5(z) + 10\bar{z}^2 f''_6(z) + 20f_6(z)] = 0$$

$$\tag{5.2.7}$$

与二维类似，在 z 平面上由于计算复杂，得到精确解并不容易，用如下保角映射：

$$z = \omega(\zeta) = R_0\left(\frac{m}{\zeta} + \zeta\right) \tag{5.2.8}$$

把 z 平面上椭圆孔的外部变成 ζ 平面上单位圆的外部。其中，$\zeta = \xi + i\eta = \rho e^{i\varphi}$，$R_0 = (a+b)/2$，$m = (a-b)/(a+b)$。通过 5.1 节分析并结合本小节研究的模型，我们知道 $f_i(z)(i=2,3,\cdots,6)$ 在经过保角映射后应有如下形式：

$$
\begin{cases}
f_6(\zeta) = b_1 \ln\zeta + f_6^0(\zeta) \\
f_5(\zeta) = f_5^0(\zeta) \\
f_4(\zeta) = d_1 \ln\zeta + f_4^0(\zeta) \\
f_3(\zeta) = e_1 \ln\zeta + f_3^0(\zeta) \\
f_2(\zeta) = t_1 \ln\zeta + f_2^0(\zeta)
\end{cases}
\tag{5.2.9}
$$

式中：$f_i^0(\zeta)(i=2,3,\cdots,6)$ 为 $|\zeta|>1$ 内单值解析的。

由边界条件式(5.2.6)，在方程两边同时乘以 $\dfrac{1}{2\pi i}\dfrac{1}{\sigma-\zeta}d\sigma$（$\sigma$ 在单位圆上取值），并且沿单位圆积分得

$$
\frac{1}{2\pi i}\int_\gamma \frac{b_1\ln\sigma}{\sigma-\zeta}d\sigma + \frac{1}{2\pi i}\int_\gamma \frac{f_6^0(\sigma)}{\sigma-\zeta}d\sigma + \frac{1}{2\pi i}\int_\gamma \frac{b_1\overline{\ln\sigma}}{\sigma-\zeta}d\sigma + \frac{1}{2\pi i}\int_\gamma \frac{\overline{f_6^0(\sigma)}}{\sigma-\zeta}d\sigma = 0
$$

$$
\tag{5.2.10}
$$

明显 $\overline{\ln\sigma} = -\ln\sigma$，所以得

$$
-f_6^0(\zeta) + f_6^0(\infty) = 0 \tag{5.2.11}
$$

故有

$$
f_6(\zeta) = b_1\ln\zeta \tag{5.2.12}
$$

由式(3.2.3)与式(3.2.7)得

$$
3\left\{ \frac{1}{2\pi i}\int_\gamma \frac{d_1\ln\sigma + f_4^0(\sigma)}{\sigma-\zeta}d\sigma + \frac{4}{2\pi i}\int_\gamma \overline{\frac{\omega(\sigma)}{\omega'(\sigma)}} \frac{f_5^{0\,'}(\sigma)}{\sigma-\zeta}d\sigma + \frac{10}{2\pi i}\int_\gamma \left[\overline{\frac{\omega(\sigma)^2 f_6^{0\,''}(\sigma)}{\omega'(\sigma)^2}} - \right.\right.
$$

$$
\left.\overline{\frac{\omega(\sigma)^2 \omega''(\sigma) f_6^{0\,'}(\sigma)}{\omega'(\sigma)^3}}\right]\frac{1}{\sigma-\zeta}d\sigma\left\} - \frac{1}{2\pi i}\int_\gamma \overline{\frac{e_1\ln\sigma + f_3^0(\sigma)}{\sigma-\zeta}}d\sigma - \frac{3}{2\pi i}\int_\gamma \overline{\frac{\omega(\sigma)}{\omega'(\sigma)}}\ \cdot\right.
$$

$$
\overline{\frac{(d_1\ln\sigma + f_4^0(\sigma))'}{\sigma-\zeta}}d\sigma - \frac{6}{2\pi i}\int_\gamma \left[\frac{\omega(\sigma)^2}{\omega'(\sigma)^2}\overline{f_5^{0\,''}(\sigma)} - \frac{\omega(\sigma)^2}{\omega'(\sigma)^3}\overline{\omega''(\sigma)}\ \overline{f_5^{0\,'}(\sigma)}\right]\frac{1}{\sigma-\zeta}d\sigma -
$$

$$\frac{10}{2\pi i}\int_\gamma \left[\frac{\overline{f_6''(\sigma)}}{\overline{\omega'(\sigma)}^3} - 3\frac{\overline{\omega''(\sigma)}\ \overline{f_6''(\sigma)}}{\overline{\omega'(\sigma)}^4} + \left[3\ \overline{\omega'(\sigma)}^2\ \overline{\omega''(\sigma)}^2 - \overline{\omega'''(\sigma)}\ \overline{\omega'(\sigma)}^3\right]\frac{\ }{\overline{\omega'(\sigma)}^7}\right]$$

$$\overline{f_6'(\sigma)}\right]\frac{\omega(\sigma)^3}{\sigma-\zeta}\mathrm{d}\sigma = \frac{p}{4c_3 c_2 R}\frac{1}{2\pi i}\int_\gamma \frac{\omega(\sigma)}{\sigma-\zeta}\mathrm{d}\sigma \tag{5.2.13}$$

$$\frac{4c_{11}}{2\pi i}\int_\gamma \left[\frac{f_5^0(\sigma)}{\sigma-\zeta} + \frac{5\overline{\omega(\sigma)}(b_1\ln\sigma)'}{\omega'(\sigma)(\sigma-\zeta)}\right]\mathrm{d}\sigma + \frac{(2K_2-K_1)R}{2\pi i}\int_\gamma \left[\frac{f_4(\sigma)}{\sigma-\zeta} + \frac{4\overline{\omega(\sigma)}}{\omega'(\sigma)}\frac{f_5^{0\prime}(\sigma)}{(\sigma-\zeta)} +\right.$$

$$10\left(\frac{\overline{\omega(\sigma)}^2 f_6''(\sigma)}{\omega'(\sigma)^2(\sigma-\zeta)} - \frac{\overline{\omega(\sigma)}^2\omega''(\sigma)f_6'(\sigma)}{\omega'(\sigma)^3(\sigma-\zeta)}\right) + \frac{20f_6(\sigma)}{\sigma-\zeta}\right]\mathrm{d}\sigma = 0$$

$$\tag{5.2.14}$$

与二维准晶计算方法类似,根据 Cauchy 积分公式和解析延拓理论,有

$$f_4^0(\zeta) + \frac{4\zeta(m\zeta^2+1)}{(\zeta^2-m)}f_5^{0\prime}(\zeta) = (d_1+\overline{e_1})\left[\ln(\sigma_1-\zeta)-\ln\zeta\right] +$$

$$10\frac{(m\zeta^2+1)^2(\zeta^2-m+1)b_1}{(\zeta^2-m)^3} - A$$

$$\tag{5.2.15}$$

$$f_4^0(\zeta) + \frac{4\zeta(m\zeta^2+1)}{(\zeta^2-m)}f_5^{0\prime}(\zeta) + \frac{4c_{11}}{(2K_2-K_1)R}f_5^0(\zeta) = (d_1+20b_1)\left[\ln(\sigma_1-\zeta)-\ln\zeta\right]$$

$$+\frac{10(m\zeta^2+1)^2(\zeta^2-m+1)b_1}{(\zeta^2-m)^3} - \frac{20c_{11}(m\zeta^2+1)b_1}{(2K_2-K_1)R(\zeta^2-m)} \tag{5.2.16}$$

由于式子很复杂,采用了一些记号,$A = \dfrac{p}{2\pi i}\int_\gamma \dfrac{\omega(\sigma)}{\sigma-\zeta}\mathrm{d}\sigma$。

因此得

$$f_4^0(\zeta) = (d_1+\overline{e_1})\left[\ln(\sigma_1-\zeta)-\ln\zeta\right] - \frac{4\zeta(m\zeta^2+1)}{(\zeta^2-m)}f_5^{0\prime}(\zeta) +$$

$$\frac{10(m\zeta^2+1)(\zeta^2-m+1)b_1}{(\zeta^2-m)^3} - A$$

$$\tag{5.2.17}$$

$$f_5^0(\zeta) = (20b_1 - \overline{e_1})\frac{(2K_2 - K_1)R}{4c_{11}}[\ln(\sigma_1 - \zeta) - \ln\zeta] - \frac{5(m\zeta^2 + 1)b_1}{(\zeta^2 - m)} +$$

$$\frac{(2K_2 - K_1)R}{4c_{11}}A$$

$$(5.2.18)$$

还需要说明一下,其中, $A = \dfrac{pR_0}{2\pi i}\displaystyle\int_{\sigma_1}^{\sigma_2}(\sigma + \dfrac{m}{\sigma})\dfrac{1}{\sigma - \zeta}d\sigma + \dfrac{pz_2}{2\pi i}\displaystyle\int_{\sigma_2}^{\sigma_1}\dfrac{1}{\sigma - \zeta}d\sigma$,这里面的计算如下:

$$\int_{\sigma_1}^{\sigma_2}(\sigma + \frac{m}{\sigma})\frac{1}{\sigma - \zeta}d\sigma =$$

$$\sigma_2 - \sigma_1 - \frac{m}{\zeta}\ln\frac{\sigma_2}{\sigma_1} + (\zeta + \frac{m}{\zeta})\ln\frac{\sigma_2 - \zeta}{\sigma_1 - \zeta}$$

$$\int_{\sigma_2}^{\sigma_1}\frac{1}{\sigma - \zeta}d\sigma =$$

$$\ln\frac{\sigma_1 - \zeta}{\sigma_2 - \zeta}$$

所以有

$$A = \frac{pR_0}{2\pi i}\left[\sigma_2 - \sigma_1 - \frac{m}{\zeta}\ln\frac{\sigma_2}{\sigma_1} + (\zeta + \frac{m}{\zeta})\ln\frac{\sigma_2 - \zeta}{\sigma_1 - \zeta}\right] + \frac{pz_2}{2\pi i}\ln\frac{\sigma_1 - \zeta}{\sigma_2 - \zeta}$$

同理根据式(5.2.4)与式(5.2.5),得

$$f_3^0(\zeta) = (e_1 + \overline{d_1})[\ln(\sigma_1 - \zeta) - \ln\zeta] - \frac{3(1 + m\zeta^2)d_1}{(\zeta^2 - m)} + \frac{10(1 + m\zeta^2)^3 b_1}{(\zeta^2 - m)^3} + \frac{R}{4\pi c_2 c_3}A$$

$$(5.2.19)$$

$$f_2^0(\zeta) = \frac{(1 + m\zeta^2)\zeta^2\overline{b_1}}{(\zeta^2 - m)} + \frac{c_1}{24(2c_4 - c_1 R)}\left[\frac{2\zeta(1 + m\zeta^2)}{(\zeta^2 - m)}f_3^{0\prime}(\zeta) - \frac{2(1 + m\zeta^2)e_1}{(\zeta^2 - m)}\right]$$

$$(5.2.20)$$

和第 4 章类似的讨论在这里从略。

5.3　三维二十面体准晶反平面问题控制方程

由于场变量和场方程比一维、二维准晶多,求解三维二十面体准晶是十分复

杂的。和一维六方准晶类似,三维准晶的三维弹性问题在某些情况下可以解耦为平面问题和反平面问题。本小节主要讨论三维二十面体准晶的反平面问题。

反平面问题中非零位移分量仅有声子场位移 u_z 和相位子场位移 w_z,其他的四个位移分量全部为零。在某些情况下这两个位移分量和相关的应变、应力分量都与方向 x_3(或 z)独立。例如,有一条裂纹穿透 x_3 方向或一条沿 x_3 方向的直位错等,那么有 $\partial/\partial x_3(=\partial/\partial z)=0$。

相应地,应变仅有

$$\varepsilon_{yz}=\varepsilon_{zy}=\frac{1}{2}\frac{\partial u_z}{\partial y},\varepsilon_{xz}=\varepsilon_{zx}=\frac{1}{2}\frac{\partial u_z}{\partial x},w_{zy}=\frac{\partial w_z}{\partial y},w_{zx}=\frac{\partial w_z}{\partial x} \quad (5.3.1)$$

对于二十面体准晶的反平面问题,其本构关系为

$$\begin{cases} \sigma_{zx}=\sigma_{xz}=2\mu\varepsilon_{zx}+Rw_{zx} \\ \sigma_{zy}=\sigma_{yz}=2\mu\varepsilon_{zy}+Rw_{zy} \\ H_{zx}=(K_1-K_2)w_{zx}+2R\varepsilon_{zx} \\ H_{zy}=(K_1-K_2)w_{zy}+2R\varepsilon_{zy} \end{cases} \quad (5.3.2)$$

这里仅仅只有四个应力分量,其他的分量将在下面用完全类似的方法求出。

此外,在没有体积力的情况下,平衡方程为

$$\frac{\partial \sigma_{zx}}{\partial x}+\frac{\partial \sigma_{zy}}{\partial y}=0,\frac{\partial H_{zx}}{\partial x}+\frac{\partial H_{zy}}{\partial y}=0 \quad (5.3.3)$$

将式(5.3.1)代入式(5.3.2),然后代入平衡方程(5.3.3),就得到最终的控制方程如下:

$$\nabla^2 u_z=0,\nabla^2 w_z=0 \quad (5.3.4)$$

式中:$\nabla^2=\partial^2/\partial x^2+\partial^2/\partial y^2$ 为拉普拉斯算子。

控制方程(5.3.4)表明三维二十面体准晶反平面问题最终转化为两个调和方程。为了求解这类问题,复变函数方法是极其有效的。与求解一维准晶反平面问题类似,定义复变量:

$$t=x+iy(=x_1+ix_2) \quad (5.3.5)$$

根据复变函数理论,位移分量 u_z 和 w_z 能被表示为两个解析函数的实部或

虚部。假定

$$u_z = \mathrm{Im}(\phi(t)), w_z = \mathrm{Im}(\varphi(t)) \tag{5.3.6}$$

其中,符号 Im 为复函数的虚部。

众所周知,一个复函数 $F(t)$ 如果是解析的,那么存在下列关系:

$$\frac{\partial F(t)}{\partial x} = \frac{\partial F(t)}{\partial t}, \frac{\partial F(t)}{\partial y} = i \frac{\partial F(t)}{\partial t} \tag{5.3.7}$$

此外,还有关于解析函数的 Cauchy-Riemann 关系:

$$\frac{\partial(\mathrm{Re}F(t))}{\partial x} = \frac{\partial(\mathrm{Im}F(t))}{\partial y}, \frac{\partial(\mathrm{Re}F(t))}{\partial y} = -\frac{\partial(\mathrm{Im}F(t))}{\partial x} \tag{5.3.8}$$

利用式(5.3.6)和式(5.3.7),可以得到应力的复表示:

$$\begin{cases} \sigma_{zx} = \sigma_{xz} = \mu \dfrac{\partial}{\partial x}[\mathrm{Im}\phi(t)] + R\dfrac{\partial}{\partial x}[\mathrm{Im}\varphi(t)] \\[2mm] \sigma_{zy} = \sigma_{yz} = \mu \dfrac{\partial}{\partial x}[\mathrm{Im}\phi(t)] + R\dfrac{\partial}{\partial y}[\mathrm{Im}\varphi(t)] \\[2mm] H_{zx} = (K_1 - K_2)\dfrac{\partial}{\partial x}[\mathrm{Im}\varphi(t)] + R\dfrac{\partial}{\partial x}[\mathrm{Im}\phi(t)] \\[2mm] H_{zy} = (K_1 - K_2)\dfrac{\partial}{\partial y}[\mathrm{Im}\varphi(t)] + R\dfrac{\partial}{\partial y}[\mathrm{Im}\phi(t)] \end{cases} \tag{5.3.9}$$

再利用 Cauchy-Riemann 关系,式(5.3.9)可以表示为

$$\begin{cases} \sigma_{zy} + i\sigma_{zx} = \mu\phi'(t) + R\varphi'(t) \\[2mm] H_{zy} + iH_{zx} = R\varphi'(t) + (K_1 - K_1)\phi'(t) \end{cases} \tag{5.3.10}$$

其中:$\phi'(t) = \mathrm{d}\phi/\mathrm{d}t, \varphi'(t) = \mathrm{d}\varphi/\mathrm{d}t$。分离实、虚部,能得

$$\begin{cases} \sigma_{zy} = \dfrac{1}{2}[\mu(\phi'(t) + \overline{\phi'(t)}) + R(\varphi'(t) + \overline{\varphi'(t)})] \\[2mm] H_{zy} = \dfrac{1}{2}[R(\varphi'(t) + \overline{\varphi'(t)}) + (K_1 + K_2)(\phi'(t) + \overline{\phi'(t)})] \end{cases} \tag{5.3.11}$$

以上就是三维二十面体准晶反平面问题控制方程,大家会发现,这些方程和第三章一维六方准晶反平面问题的控制方程有些类似,只需要修改相关常数即可,同时也指出,对于三维立方准晶,其反平面问题的相关公式和控制方程也与

它们类似,为了避免过多重复,在本书中不打算推导。

5.4 带 V 型缺口的二十面体准晶反平面问题实例

这小节再介绍一个二十面体准晶反平面带有 V 型缺口的问题。建立极坐标系,根据直角坐标和极坐标的关系,可以得到应力表达式为

$$\begin{cases} \sigma_{z\theta}+i\sigma_{zr}=[\mu\phi'(t)+R\varphi'(t)]\mathrm{e}^{i\theta} \\ H_{z\theta}+iH_{zr}=[R\varphi'(t)+(K_1-K_1)\phi'(t)]\mathrm{e}^{i\theta} \end{cases} \tag{5.4.1}$$

考察反平面问题带有 V 型缺口的二十面体准晶。建立坐标系之后,假定以坐标原点为顶点的材料与顶角为 2β,其中 $\beta\epsilon(0,180°)$,角面自由,同时对于 V 型缺口加载有纵向剪切应力。该例子的边界条件(图 5.3)可以如下表示:

$$\sigma_{z\theta}=0, H_{z\theta}=0, \theta=\pm\beta \tag{5.4.2}$$

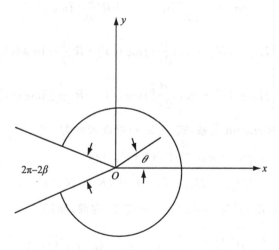

图 5.3   二十面体准晶反平面带有 V 型缺口

选取两个函数如下:

$$\begin{bmatrix} \phi \\ \varphi \end{bmatrix}(t)=\begin{bmatrix} M \\ N \end{bmatrix}t^{\lambda} \tag{5.4.3}$$

将式(5.4.3)代入式(5.4.1),可得

$$\begin{bmatrix} \sigma_{z\theta} \\ H_{z\theta} \end{bmatrix} + i \begin{bmatrix} \sigma_{zr} \\ H_{zr} \end{bmatrix} = \lambda z^{\lambda-1} e^{i\theta} \begin{bmatrix} \mu M + RN \\ RM + (K_1 - K_2)N \end{bmatrix} \tag{5.4.4}$$

由于常数 M 与 N 具有任意性,取

$$A = \mu M + RN, B = RM + (K_1 - K_2)N \tag{5.4.5}$$

式中:A 与 B 为任意常数。

如果令 $z = r e^{i\theta}$,那么应力具有下列统一形式:

$$\begin{bmatrix} \sigma_{z\theta} \\ H_{z\theta} \end{bmatrix} + i \begin{bmatrix} \sigma_{zr} \\ H_{zr} \end{bmatrix} = \lambda r^{\lambda-1} e^{i\lambda\theta} \begin{bmatrix} \mu M + RN \\ RM + (K_1 - K_2)N \end{bmatrix} \begin{bmatrix} A \\ B \end{bmatrix} \tag{5.4.6}$$

然后分离常数 A 与 B 的实虚部,即假设 $A = A_1 + iA_2$ 和 $B = B_1 + iB_2$,能得到位移如下表示:

$$u_z = \frac{r^\lambda}{\mu(K_1 - K_2) - R^1} \begin{bmatrix} (A_1(K_1 - K_2) - B_1 R)\sin(\lambda\theta) + \\ (A_2(K_1 - K_2) - B_2 R)\cos(\lambda\theta) \end{bmatrix} \tag{5.4.7}$$

$$w_z = \frac{r^\lambda}{R^2 - \mu(K_1 - K_2)} [(B_1\mu - A_1 R)\sin(\lambda\theta) + (B_2\mu - A_R)\cos(\lambda\theta)] \tag{5.4.8}$$

将式(5.4.6)代入边界条件式(5.4.2),可得到下列线性方程:

$$\begin{bmatrix} 0 & -2\sin(2\lambda\beta) \\ 2\sin(2\lambda\beta) & 0 \end{bmatrix} \begin{pmatrix} C_1 \\ C_2 \end{pmatrix} = 0 \tag{5.4.9}$$

式中:$C_1 = A_1$,$C_2 = A_2$,或者,$C_1 = B_1$,$C_2 = B_2$。由于 A 与 B 的任意性,该线性方程组的系数行列式必须等于零,即

$$\sin(2\lambda\beta) = 0 \tag{5.4.10}$$

二十面体准晶反平面带有 V 型缺口处位移必须为有限值,得

$$\lambda_n = \frac{n\pi}{2\beta}, \quad n = 1, 2, \cdots \tag{5.4.11}$$

将式(5.4.11)代入式(5.4.6),应力能够被表示为

$$\begin{bmatrix} \sigma_{z\theta}^{(n)} \\ H_{z\theta}^{(n)} \end{bmatrix} + i \begin{bmatrix} \sigma_{zr}^{(n)} \\ H_{zr}^{(n)} \end{bmatrix} = \frac{n\pi}{2\beta} r^{\frac{n\pi}{2\beta}-1} \varepsilon^{i\frac{n\pi}{2\beta}\theta} \left\{ \begin{bmatrix} A_1^{(n)} \\ B_1^{(n)} \end{bmatrix} + i \begin{bmatrix} A_2^{(n)} \\ B_2^{(n)} \end{bmatrix} \right\}, \quad n = 1, 2, \cdots \tag{5.4.12}$$

其中

$$
\begin{bmatrix} A_2^{(n)} \\ B_2^{(n)} \end{bmatrix} = \cot\left(\frac{n\pi}{2\beta}\theta\right) \begin{bmatrix} A_1^{(n)} \\ B_1^{(n)} \end{bmatrix}, \quad n=1,2,\cdots
$$

类似文献[167]，引入 V 型缺口处的应力强度因子如下：

$$
\begin{bmatrix} K_{\mathrm{III}}^{\mathrm{phon}} \\ K_{\mathrm{III}}^{\mathrm{phas}} \end{bmatrix} = \sqrt{2\pi}\lim_{r\to 0} r^{1-\frac{\pi}{2\beta}} \begin{bmatrix} \sigma_{z\theta}^{(n)} \\ H_{z\theta}^{(n)} \end{bmatrix} \tag{5.4.13}
$$

其中 $K_{\mathrm{III}}^{\mathrm{phon}}$ 和 $K_{\mathrm{III}}^{\mathrm{phas}}$ 分别表示声子场应力强度因子、相位子场应力强度因子。

将式(5.4.13)代入式(5.4.12)，能够得到 V 型缺口处应力场与应力强度因子之间的关系：

$$
\begin{bmatrix} \sigma_{z\theta} \\ \sigma_{zr} \end{bmatrix} = \frac{K_{\mathrm{III}}^{\mathrm{phon}}}{\sqrt{2\pi}} r^{\frac{\pi}{2\beta}-1} \begin{bmatrix} \cos(\frac{\pi\theta}{2\beta}) \\ \sin(\frac{\pi\theta}{2\beta}) \end{bmatrix}, \begin{bmatrix} H_{z\theta} \\ H_{zr} \end{bmatrix} = \frac{K_{\mathrm{III}}^{\mathrm{phas}}}{\sqrt{2\pi}} r^{\frac{\pi}{2\beta}-1} \begin{bmatrix} \cos(\frac{\pi\theta}{2\beta}) \\ \sin(\frac{\pi\theta}{2\beta}) \end{bmatrix} \tag{5.4.14}
$$

其中

$$
A_1^{(1)} = \frac{2\beta}{\pi}\frac{K_{\mathrm{III}}^{\mathrm{phon}}}{\sqrt{2\pi}}, A_2^{(1)}=0, B_1^{(1)}=\frac{2\beta}{\pi}\frac{K_{\mathrm{III}}^{\mathrm{phas}}}{\sqrt{2\pi}}, B_2^{(1)}=0
$$

将式(5.4.11)代入式(5.4.13)，然后代入式(5.4.7)和式(5.4.8)，能够得到位移表达式：

$$
u_z = \frac{\sqrt{2}\beta}{\pi\sqrt{\pi}} = \frac{r^{\frac{\pi}{2\beta}}}{\mu(K_1-K_2)-R^2}\left[((K_1-K_2)K_{\mathrm{III}}^{\mathrm{phon}}-RK_{\mathrm{III}}^{\mathrm{phas}})\sin\left(\frac{\pi\theta}{2\beta}\right)\right] \tag{5.4.15}
$$

$$
w_z = \frac{\sqrt{2}\beta}{\pi\sqrt{\pi}} = \frac{r^{\frac{\pi}{2\beta}}}{R^2-\mu(K_1-K_2)}\left[(RK_{\mathrm{III}}^{\mathrm{phon}}-\mu K_{\mathrm{III}}^{\mathrm{phas}})\sin\left(\frac{\pi\theta}{2\beta}\right)\right] \tag{5.4.16}
$$

如果令 $\beta\to\pi$ 与 $R=0$，很容易发现式(5.4.14)与式(5.4.15)能转变为经典各向同性体的解，参见文献[168]。

类似于文献[168]，针对准晶 V 型缺口问题，引入广义 E 积分(Eshelby 积分)如下：

$$E = \int_{-\beta}^{\beta} (W\delta_{j1} - \sigma_{3j} u_{3,1}) n_j r \, d\theta \tag{5.4.17}$$

式中:积分路径为绕 V 型缺口一圈;W 为应变能密度;δ_{j1} 为 Kronecker 符号。应变能密度有如下定义:

$$W = \frac{1}{2}\sigma_{31} u_{3,1} + \frac{1}{2}H_{31} w_{3,1} + \frac{1}{2}H_{32} w_{3,2} \tag{5.4.18}$$

将式(5.4.14)、式(5.4.15)、式(5.4.16)与式(5.4.18)代入式(5.4.17),积分便得

$$E = \frac{\beta\sin\beta}{2\pi(\pi-\beta)} \frac{r^{\frac{\pi}{\beta}-1}}{\mu(K_1-K_2)-R^2} [(K_1-K_2)(K_{\text{III}}^{\text{phon}})^2 - 2RK_{\text{III}}^{\text{phon}}K_{\text{III}}^{\text{phas}} + \mu(K_{\text{III}}^{\text{phas}})^2]$$

$$\tag{5.4.19}$$

如果令 $r \to 0$,便得 $E \to 0$,很容易发现这就是经典各向同性体的解;如果令 $\beta \to \pi$,那么广义 E 积分就退化为带有裂纹的二十面体准晶的能量释放率为

$$E = \frac{1}{2} \frac{1}{\mu(K_1-K_2)-R^2} [(K_1-K_2)(K_{\text{III}}^{\text{phon}})^2 - 2RK_{\text{III}}^{\text{phon}}K_{\text{III}}^{\text{phas}} + \mu(K_{\text{III}}^{\text{phas}})^2]$$

$$\tag{5.4.20}$$

很明显,当声子场与相位子场解耦,即 $R=0$,那么式(5.4.20)退化为经典弹性材料的能量释放率[168]。如 5.2 节指出一样,本小节的结果可以通过变化一些弹性常数而变为立方准晶和一维六方准晶反平面问题 V 型缺口的结果。

第6章　准晶非线性变形效应的初步探讨

前面的章节主要讨论了在数学和物理上属于线性领域的准晶的弹性相关性质。考虑到准晶的变形与断裂的非线性行为具有巨大的困难，又由于准晶的塑性变形缺乏适当的本构关系和方程，所以对准晶的塑性理论研究是少之又少，现在我们的主要任务是采用前人的手法与模型对于这个问题给出一个简单的描述和模拟。目前，宏观的实验还没有得到妥善进行。此外，该机制在微观的非线性（包括非线性弹性和塑性）的变形也不太清楚，这导致本构关系的准晶基本上是无人知晓的。由于这个原因，有关变形与断裂的系统分析迄今还没有得到明确的答案。尽管存在这些困难，准晶塑性研究已引起相关工作者极大关注。但是定量的分析还处在萌芽阶段，考虑到读者的兴趣和准晶的发展水平，需要通过研究材料线性行为的类似方法来研究这些材料的一些简单模型的非线性行为。当然，这些讨论是不够完整的，但是这可能会为该领域提供一些线索而使研究得到进一步发展。首先，讨论准晶的非线性变形行为的一些实验结果，然后转向研究目前能够得到的准晶非线性弹性本构方程，尽管这与塑性本构方程不能划上等号，但是利用它们获取的一些结果可能会有意义。

6.1　准晶裂纹的断裂力学准则

在前面的章节，讨论了三维立方和二十面体与一维六方准晶反平面问题、二维十次对称准晶平面问题、三维二十面体平面问题等，并且获得了这些问题的复势解,按照这些复势,其声子场和相位子场都可以确定。

在弄清了这些声子场和相位子场之后,接下来本章目的是确定寻求合适的断裂参数,并且建立相应的断裂准则来分析、判断裂纹在什么条件下扩展。在经典弹性材料中,众所周知,前人已经建立并用于结构强度评价的断裂准则,包括应力强度因子、能量释放率、J 积分、COD 准则、最大拉应力、应变能密度因子等。在准晶这样的声子和相位子存在耦合的材料中,人们自然想到要推广或发展这些准则来分析裂纹在声子—相位子耦合作用下的扩展问题。本小节探讨准晶中的应力强度因子、COD 准则。对于 J 积分、能量释放率、最大拉应力、应变能密度因子等这些量,暂不做考虑。

6.1.1　准晶应力强度因子

我们知道,在经典弹性材料裂纹尖端,许多数学和力学专家相继发现了裂纹尖端附近的应力存在奇异性,即在裂纹顶端建立一个极坐标系 (r, θ),那么应力具有渐进性质[168]

$$\sigma_{ij}(r, 0) \propto \frac{1}{\sqrt{r}} \quad (r \to 0) \tag{6.1.1}$$

这一性质称应力具有 $r^{-\frac{1}{2}}$ 阶的奇异性,值得注意的是这里的 r 从裂纹尖端量起,这是断裂力学具有的最基本的重要性。应力场在裂纹顶端领域的"大小"可以由一个仅仅依赖于裂纹几何和载荷单一因子描述。针对张开、滑开、撕开三种裂纹模式,它们分别被记为 K_{I}、K_{II}、K_{III}。这三个量称为应力强度因子,它们与两个极坐标量 r、θ 无关,代表的是应力场的强度,而不是应力分布。应力强度因子这个概念在历史上也曾引起非议,但是现在在材料的断裂里面得到了公众广泛的认可。

鉴于应力强度因子的定义,仿照经典弹性理论,得到准晶中二维裂纹的应力强度因子的一般定义:

$$
\begin{bmatrix} K_{\mathrm{I}}^{\mathrm{phon}} \\[4pt] K_{\mathrm{II}}^{\mathrm{phon}} \\[4pt] K_{\mathrm{III}}^{\mathrm{phon}} \\[4pt] K_{\mathrm{I}}^{\mathrm{phas}} \\[4pt] K_{\mathrm{II}}^{\mathrm{phas}} \\[4pt] K_{\mathrm{III}}^{\mathrm{phas}} \end{bmatrix} = \lim_{x \to a^+} \sqrt{2\pi(x-a)} \begin{bmatrix} \sigma_{yy}(x,0) \\[4pt] \sigma_{xy}(x,0) \\[4pt] \sigma_{yz}(x,0) \\[4pt] H_{yy}(x,0) \\[4pt] H_{xy}(x,0) \\[4pt] H_{zy}(x,0) \end{bmatrix} \tag{6.1.2}
$$

或者

$$
\begin{bmatrix} K_{\mathrm{I}}^{\mathrm{phon}} \\[4pt] K_{\mathrm{II}}^{\mathrm{phon}} \\[4pt] K_{\mathrm{III}}^{\mathrm{phon}} \\[4pt] K_{\mathrm{I}}^{\mathrm{phas}} \\[4pt] K_{\mathrm{II}}^{\mathrm{phas}} \\[4pt] K_{\mathrm{III}}^{\mathrm{phas}} \end{bmatrix} = \lim_{r \to 0} \sqrt{2\pi r} \begin{bmatrix} \sigma_{yy}(r,0) \\[4pt] \sigma_{xy}(r,0) \\[4pt] \sigma_{yz}(r,0) \\[4pt] H_{yy}(r,0) \\[4pt] H_{xy}(r,0) \\[4pt] H_{zy}(r,0) \end{bmatrix} \tag{6.1.3}
$$

其中,原点必须取在裂纹尖端。这两个定义明显是等价的,直角坐标系(x,y)与极坐标系(r,θ)的关系可以如下表示:

$$
r = \sqrt{x^2 + y^2}, x = r\cos\theta, y = r\sin\theta \tag{6.1.4}
$$

当然准晶的应力强度因子也可以采用复势来定义,将在第 7 章各种准晶系中推导出来。式(6.1.2)与式(6.1.3)表明,应力强度因子与坐标无关,与经典弹性一样,只与加载方式、加载大小、裂纹长度与裂纹几何形状有关。

回顾一维六方准晶、二维十次对称准晶、三维二十面体准晶中的 Griffith 裂纹中应力(其中二维十次对称准晶、三维二十面体准晶中的 Griffith 裂纹中应力的极坐标表达式应归功于李联和,见文献[110]或者文献[174,175]),这些裂纹问题在线弹性的框架下对任意坐标系(x,y)都是成立的,且很容易发现所得的解析解有这样的共性:声子场应力与相位子场应力在裂纹尖端附近,有相同的奇异性,即$\dfrac{1}{\sqrt{r}}(r \to 0)$。虽然这是由数学尖裂纹和线弹性理论这两个理想化模型组合的结果。这一理论是存在局限性的,然而在更合理和更完美的断裂理论出来之前,这里只能沿用这个存在缺陷的断裂理论。

　　例如,在前几章求得对于无穷大材料带有中心 Griffith 裂纹的准晶,不论其维数,都有应力强度因子为

$$K_I = \sqrt{\pi a}\, p,\ K_{II} = \sqrt{\pi a}\, \tau_1,\ K_{III} = \sqrt{\pi a}\, \tau_2 \qquad (6.1.5)$$

式中:p、τ_1、τ_2 为作用为无穷远处的应力。

6.1.2　准晶裂纹张开位移(COD 准则)

　　针对张开、滑开、撕开三种裂纹模式,建议准晶 I 型、II 型、III 型裂纹张开位移与 u_y、u_x、u_z 的关系与经典弹性理论一样,当然这里仅仅指的是声子场,相位子场由于机制不清楚,目前暂时不考虑。即使在考虑准晶的 COD 准则时,由于存在声子—相位子的耦合,这导致比经典弹塑性更加复杂。准晶作为一种新型材料,像其他材料一样,裂纹尖端区域总存在着一个塑性区。在小范围屈服条件下,这个塑性区被周围的弹性区包围,如果塑性区充分小,那么可以采用线弹性理论来近似估算塑性区的形状与尺寸。在准晶中裂纹起始扩展时候,采用裂纹尖端张开位移准则是比较方便的。在经典弹性理论中,Well 和 Cottrell 首先引入了临界张开位移的概念[168]。他们认为当塑性变形占主导地位时,裂纹尖端张开位移可以比较好地刻划裂纹尖端的塑性变形。对于一定的温度、板厚、应变率和环境,当裂纹尖端的张开位移达到了临界值 δ_C(材料的固有参数)时,裂纹就开始扩展,断裂判据为

$$\delta_t = \delta_C \qquad (6.1.6)$$

式中:δ_t 为裂纹尖端真实的张开位移;δ_C 为固定的材料常数,它不依赖试样的几何与裂纹长度,其数值可以由实验测定。

　　针对准晶材料的塑性变形问题的研究,基于 Well 和 Cottrell 提出的思想,也主要引入 CTOD 法(裂纹尖端张开位移法),这当然仅仅是一种尝试。具体的计算过程和结果见下文。

6.2 准晶塑性变形行为—前人的探索工作

在中低温状态下,准晶呈现出易脆性,而在高温状态下,却呈现出可塑性和延展性。此外,在高应力集中区的附近,如在位错或裂纹尖端周围,塑性流动也会出现。实验观察到准晶的塑性变形是由材料的位错运动引起的。这披露了准晶结构缺陷和塑性之间重要的联系。在一定程度上准晶和晶体具有相似性。但是后者提出突出的结构特点,从根本上有别于传统的晶体。相对于研究晶体的可塑性,研究准晶的可塑性必须有完全不同的方式。研究准晶塑性的基本步骤当然是实验观察,我们来看目前准晶塑性变形的已有理论。准晶和晶体塑性变形的基本不同是由于准晶中存在相位子自由度引起的。由于存在相位子自由度,准晶的塑性变形十分复杂,使得准晶的塑性变形和塑性断裂理论的提出存在很大的困难。所以准晶塑性变形理论的提出和完成存在极大的困难。Rosenfeld、Schall 与 Geyer 等人已经对 Al-Pd-Mn 准晶的微结构做出了很好的描述。Feuerbacher 于 1997 年提出了一个关于二十面体准晶塑性变形机制的定性模型,而这个模型 1999 年由 Messerschmidt 完善。Urban、Messerschmidt 与其合作者也通过一系列的实验观察了这一问题。第一个关于准晶的塑性变形实验室由 Takeuchi 等使用粗晶材料完成的,当然还有很多这方面的实验结果,这里就不再列举。

Wollgarten 等人[176]是第一个采用位错机制研究准晶塑性变形的,更多关于 Al-Pd-Mn 单准晶微观结构变形已经完成(Rosenfeld 等人[177] 1995 年,Schall 等人[178] 1999 年,Geyer 等人[179] 2000 年)。Feuerbacher 等人[180] 提出了二十面体准晶塑性变形机制的一个定性模型(1997 年),而这一工作由 Messerschmidt[181] 完善(1999)。Urban、Messerschmidt 和他们的同事通过一系列实验观测研究了这个问题。一些准晶塑性变形试验起初是由 Takeuchi 等人[182] 完成的。当然,还有关于准晶塑性变形的一些实验[183,184]没有全部回顾和列写在这里。

很多关于准晶的实验资料,Goyot 和 Canova、Feuerbacher 尝试着给出了一

个本构方程,他们认为塑性应变和加载应力之间有如下形式:

$$\dot{\varepsilon}_p = B \left(\frac{\sigma}{\sigma_0} \right)^m \tag{6.2.1}$$

式中:B 和 m 为随温度变化的参数;σ_0 可以认为是当前材料微结构状态的相关应力的内部变量,也可以用来描述不同材料或硬化机制的模型。还有一些相关的实验资料,这里就不再列写。

式(6.2.1)是由实验得出的结果,它当然给了我们一些研究准晶塑性变形本构方程的提示。由于目前缺乏多轴加载条件,很明显上述结果是在单轴加载条件下获得的。假定有足够的准晶屈服面/加载面方面的实验资料,因此能获得一个屈服面的方程如下:

$$\Phi = \sigma_{\text{eff}} - Y = 0 \tag{6.2.2}$$

式中:σ_{eff} 代表包括声子场应力 σ_{ij} 和相位子场应力 H_{ij} 在内的广义有效应力,如果

$$Y = \sigma_Y = \text{const} \tag{6.2.3}$$

式中:σ_Y 为材料的单轴屈服极限,式(6.2.2)就表示初始屈服面。与此对比的是,如果

$$Y = Y(h) \tag{6.2.4}$$

式中:h 是与变形历史有关的参数,那么式(6.2.2)就描述了材料变形的演化规律。当有了像式(6.2.2)那样的屈服面/加载面方程,就会构建下列塑性本构方程如下:

$$\begin{cases} \dot{\varepsilon}_{ij} = \dfrac{1}{H_{(\sigma_{\text{eff}})}} \dot{\sigma}_{\text{eff}} \dfrac{\partial \Phi}{\partial \sigma_{ij}} \\[3mm] \dot{w}_{ij} = \dfrac{1}{H_{(\sigma_{\text{eff}})}} \dot{\sigma}_{\text{eff}} \dfrac{\partial \Phi}{\partial H_{ij}} \end{cases} \tag{6.2.5}$$

式(6.2.5)提供了采取各向同性硬化的流动规则,其中 Φ 就是上面提到的屈服面/加载面函数,物理量上面的点代表变化率,$H_{(\sigma_{\text{eff}})}$ 是材料的硬化模量,σ_{ij}、H_{ij} 的定义如前面章节。因此弹—塑性本构方程在上面基本建立起来了。

我们预期的式(6.2.5)表示的本构关系是增量塑性方程,它能描述在变形过

程内包含加载/卸载态变形历史效应,可能是一个完善的本构方程。有一个可能与相对简单的塑性理论和塑性变形历史的本构关系,即如果定义广义有效应力 σ_{eff} 和广义有效应力 ε_{eff},其中 σ_{eff} 如前面一样定义,广义有效应力 ε_{eff} 包括声子场应变 ε_{ij} 和相位子场应变 w_{ij},它们之间的关系如下:

$$\begin{cases} \varepsilon_{ij} - \dfrac{1}{3}\varepsilon_{kk}\delta_{ij} = \dfrac{3\varepsilon_{\text{eff}}}{2\sigma_{\text{eff}}}(\sigma_{ij} - \dfrac{1}{3}\sigma_{kk}\delta_{ij}) \\[3mm] w_{ij} - \dfrac{1}{3}w_{kk}\delta_{ij} = \dfrac{3\varepsilon_{\text{eff}}}{2\sigma_{\text{eff}}}(H_{ij} - \dfrac{1}{3}H_{kk}\delta_{ij}) \end{cases} \tag{6.2.6}$$

其中

$$\varepsilon_{kk} = \varepsilon_{xx} + \varepsilon_{yy} + \varepsilon_{zz}, w_{kk} = w_{xx} + w_{yy} + w_{zz}$$

$$\sigma_{kk} = \sigma_{xx} + \sigma_{yy} + \sigma_{zz}, H_{kk} = H_{xx} + H_{yy} + H_{zz}$$

并且假定了

$$\varepsilon_{\text{eff}} = \begin{cases} \varepsilon_{\text{eff}}^{(e)}, \sigma_{\text{eff}} < \sigma_0 \\ A(\sigma_{\text{eff}})^n, \sigma_{\text{eff}} > \sigma_0 \end{cases} \tag{6.2.7}$$

式中:σ_0、A 和 n 是准晶的材料常数,能够通过单轴试验测定;$\varepsilon_{\text{eff}}^{(e)}$ 为弹性变形阶段的量;σ_0 为单轴拉伸屈服应力。

与式(6.2.5)相比较,式(6.2.6)不能描述变形历史,因为它们实质上是非线性弹性本构方程,而不是准晶材料的塑性本构方程。然而,它们能够描述没有加载情况下的塑性变形。很明显式(6.2.5)与式(6.2.6)属于构想的准晶塑性变形本构关系和非线性弹性本构关系。由于缺乏足够的实验资料,我们不知道它们是否正确。

但是由于缺乏实验资料,式(6.2.2)与式(6.2.3)以及式(6.2.5)都没有被建立起来。同样的原因,式(6.2.6)也没有建立起来。这就是目前宏观塑性理论的主要困难。因为材料参数在变形后不再是常数,其解在本质上将比弹性变形更加复杂。

因此,研究准晶弹塑性变形还任重道远,在经典弹塑性的研究中,存在很多简化模型来模拟塑性变形,如采用 Dugdale 模型模拟经典弹性材料的塑性变形问题。下面将介绍准晶中的 Dugdale 模型问题,所得到的结果也许能为准晶的弹塑性变形起到指导作用。

6.3　准晶反平面 Dugdale 模型问题

线弹性断裂力学是建立在弹性理论的基础之上,准晶弹塑性断裂力学不同于其线弹性力学,它以弹性力学和塑性力学为基础,在裂纹发生扩展前,在其尖端附近将出现一个塑性区域。

在准晶中存在裂纹的时候,与经典弹性材料一样,实际上裂纹顶端发生高度的应力集中,应力的最大值早已超过材料的塑性极限,材料已经发生塑性变形。因而在裂纹顶端产生了塑性区。这种塑性区的尺寸如何估计? 在工程材料(或结构材料)的经典断裂理论中,用屈服判据去估计这种塑性区。准晶材料的塑性理论尚未建立起来,目前还没有屈服判据,怎么去估计这种塑性区的大小? 回答这一问题,具有很大的困难。

Wollgarten 等人是第一个通过位错机制研究了准晶的塑性变形[177]。范天佑等和他们的同事[113,114]通过位错机制理论研究了一些一维和二维准晶的塑性变形。用位错机制来研究准晶的塑性变形,不是本节的目的,建议读者查阅文献[97],这里不再叙述。

1960 年,Dugdale[125]在其一篇重要的文章《含裂缝钢薄板的屈服》中采用 Muskhelishvili 提出的方法对带有穿透裂纹的薄板进行拉伸试验时发现裂纹尖端的塑性区具有扁平带状特征,从而提出 D-M 模型来处理具有穿透裂纹的无限大板是弹塑性问题,求得了裂纹尖端张开位移 δ_t 和塑性区 R 的大小。Dugdale 在 D-M 模型假定:

(1)具有穿透裂纹的板受到单向拉伸应力的作用,裂纹尖端的塑性区呈扁平带状;

(2)塑性区上作用着均匀的分布应力;

(3)在塑性区的尖端应力奇异性消失,即在尖端的应力强度因子为零。

几乎与此同时,苏联数学力学家 Barenblatt 也发表了类似的工作。鉴于裂纹无限尖的假定,应力无限大状态实际上不存在,Barenblatt 提出一个假设,认为在裂纹顶端前缘存在一个微小的区域,称为原子内聚力区域,原子间的吸引力是原子间被拉开的距离 δ 的函数。这样,在这个区域内裂纹面上各点允许有一定的相对位移,即裂纹尖端张开位移,并且存在分布应力的作用。

因此,他们的模型共同之处相当于把裂纹由原来的长度扩展到 $2a \sim 2a + 2R$(a 为真实裂纹半长度,R 为内聚力区域半长度),在 $2a+2R$ 之外的材料还处于弹性状态。在范围 $a<|x|<a+R$ 内作用应力 $\sigma_{yy}|_{y=0}=\sigma_s$,$R$ 为未知。由于虚拟裂纹尖端应力值有限,因此不存在应力奇异性,作为其奇异性的系数——总的应力强度因子为零,可以确定内聚力区域的尺寸。

由此建立了外加应力、材料屈服极限、裂纹真实长度与裂纹尖端张开位移之间的定量关系,它是 COD 方法的基本关系式。

但是该模型不适合整体屈服情况。因为目前缺乏准晶塑性变形的本构方程,准晶非线性分析的广义内聚力模型呈现出基本的重要性。但是利用 Dugdale 与 Barenblatt 的基本思想,使得我们有了探索准晶广义内聚力模型的基本解的可能性。求解各种带有裂纹的准晶系 Dugdale 问题,获取精确解析解。

6.3.1 准晶反平面中心 Griffith 裂纹的 Dugdale 模型问题

和一维六方准晶类似,三维准晶的三维弹性问题在某些情况下可以解耦为平面问题和反平面问题。考虑到反平面问题在一维准晶和三维准晶中出现,本小节主要讨论准晶的反平面问题。其中非零位移分量仅有声子场位移 u_z 和相位子场位移 w_z,其他的四个位移分量全部为零。假定原子排列在 z 轴是准周期的,而在 xy 平面是周期的。在某些情况下这两个位移分量和相关的应变、应力分量都与方向 x_3(或 z)独立。例如,有一条裂纹穿透 x_3 方向或一条沿 x_3 方向的直位错等,那么有 $\partial/\partial x_3(=\partial/\partial z)=0$。相应地应变仅有

$$\varepsilon_{yz}=\varepsilon_{zy}=\frac{1}{2}\frac{\partial u_z}{\partial y},\varepsilon_{xz}=\varepsilon_{zx}=\frac{1}{2}\frac{\partial u_z}{\partial x},w_{zy}=\frac{\partial w_z}{\partial y},w_{zx}=\frac{\partial w_z}{\partial x} \qquad (6.3.1)$$

对于二十面体准晶的反平面问题,其本构关系为(一维六方和立方准晶与此类似,避免重复,不再单独列出)

$$\begin{cases} \sigma_{zx} = \sigma_{xz} = 2\mu\varepsilon_{zx} + Rw_{zx} \\ \sigma_{zy} = \sigma_{yz} = 2\mu\varepsilon_{zy} + Rw_{zy} \\ H_{zx} = (K_1 - K_2)w_{zx} + 2R\varepsilon_{zx} \\ H_{zy} = (K_1 - K_2)w_{zy} + 2R\varepsilon_{zy} \end{cases} \tag{6.3.2}$$

这里仅仅只有四个应力分量,其他的分量将在下面用完全类似的方法求出。

此外,在没有体积力的情况下,平衡方程为

$$\frac{\partial \sigma_{zx}}{\partial x} + \frac{\partial \sigma_{zy}}{\partial y} = 0, \frac{\partial H_{zx}}{\partial x} + \frac{\partial H_{zy}}{\partial y} = 0 \tag{6.3.3}$$

将式(6.3.1)代入式(6.3.2),然后代入平衡方程(6.3.3),得到最终的控制方程如下:

$$\Delta^2 u_z = 0, \Delta^2 w_z = 0 \tag{6.3.4}$$

其中,Δ^2 为拉普拉斯算子。

控制方程(6.3.4)表明三维二十面体准晶反平面问题最终转化为两个调和方程。为了求解这类问题,复变函数方法是极其有效的。与求解一维准晶反平面问题类似,定义复变量:

$$t = x + iy (= x_1 + ix_2) \tag{6.3.5}$$

根据复变函数理论,位移分量 u_z 和 w_z 能被表示为两个解析函数的实部或虚部。假定

$$u_z = \mathrm{Im}(\varphi(t)), w_z = \mathrm{Im}(\varphi(t)) \tag{6.3.6}$$

其中,符号 Im 为复函数的虚部。

于是,得到应力公式如下:

$$\begin{cases} \sigma_{zy} = \frac{1}{2}[\mu(\phi'(t) + \overline{\phi'(t)}) + R(\varphi'(t) + \overline{\varphi'(t)})] \\ H_{zy} = \frac{1}{2}[R(\varphi'(t) + \overline{\varphi'(t)}) + (K_1 - K_2)(\phi'(t) + \overline{\phi'(t)})] \end{cases} \tag{6.3.7}$$

范天佑教授和他的合作者在理论上研究了一维六方准晶,得到了一些有意义的结果,而且给出了一维准晶广义内聚力模型的精确解。本小节将位移函数采用复变函数法中虚部表示法来研究中心 Griffith 的 Dugdale 模型问题。

假定有一条长度为 d 的原子内聚力虚拟裂纹在实际裂纹尖端,如图 6.1 所示。在准晶的连续性理论里面,原子内聚力区域宏观上就是塑性区域,并且原子内聚力分布必须通过实验测定。由于缺乏准晶材料的实验资料,如果假定原子内聚力是一个常数 τ_c(区域内的材料剪切屈服极限),这样这个问题被简化了。

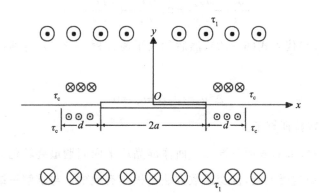

图 6.1 准晶反平面问题的原子内聚力模型

省略掉繁琐的计算过程(与二维类似),最后的计算结果如下:

$$\begin{cases} F_1(\zeta) = \dfrac{2i}{C_{44}}(\dfrac{2\theta_1}{\pi\zeta^2}\tau_c - \tau_1)\dfrac{\zeta^2}{\zeta^2-1} + \dfrac{1}{2\pi i}\dfrac{2i}{C_{44}}\tau_c\ln\dfrac{e^{2i\theta_1}-\zeta^2}{e^{-2i\theta_1}-\zeta^2} \\ F_2(\zeta) = 0 \end{cases} \quad (6.3.8)$$

其中

$$F_1(\zeta) = \varphi'(\zeta) + \dfrac{R_3}{C_{44}}\psi'(\zeta), F_2(\zeta) = \psi'(\zeta) + \dfrac{R_3}{K_2}\varphi'(\zeta) \quad (6.3.9)$$

并且

$$\phi(\zeta) = \phi_1(t) = \phi_1(\omega(\zeta)), \psi(\zeta) = \psi_1(t) = \psi_1(\omega(\zeta)) \quad (6.3.10)$$

其中

$$t = \omega(\zeta) = \frac{a+d}{2}\left(\zeta + \frac{1}{\zeta}\right) \qquad (6.3.11)$$

这个映射把 t 平面变换到 ζ 平面,在这个映射下,xy 平面下的裂纹区域被变换到 ζ 平面单位圆的内部,$\varphi'(\zeta)$、$\psi'(\zeta)$ 是对新变量 ζ 求导数的函数,θ_1 代表的角度(即 $y=0$、$x=a$ 处,相应的点在 t 平面和 ζ 平面上有个关系式($\cos\theta_1 = \frac{a}{(a+d)}$)。并且有(位移场与应力、应变的关系可以参考前面章节,这里从略)

$$\begin{cases} u_z(x,y) = \operatorname{Im}(\varphi_1(t)) = \operatorname{Im}\left\{\frac{(R_3\tau_c - K_2\tau_1)}{C_{44}K_2 - R_3{}^2}(t - \sqrt{t^2 - a^2})\right\} \\ w_z(x,y) = \operatorname{Im}(\psi_1(t)) = \operatorname{Im}\left\{\frac{(R_3\tau_1 - C_{44}\tau_c)}{C_{44}K_2 - R_3{}^2}(t - \sqrt{t^2 - a^2})\right\} \end{cases}$$
$$(6.3.12)$$

从上面的解,直接写出原子内聚力区域的长度:

$$d = a\left[\sec\left(\frac{\pi}{2}\frac{\tau_1}{\tau_c}\right) - 1\right] \qquad (6.3.13)$$

即得 $\theta_1 = \frac{\pi}{2}\frac{\tau_1}{\tau_c}$,裂纹尖端张开位移为

$$\delta_{\text{III}} = \frac{4K_2\tau_c a}{(C_{44}K_2 - R_3{}^2)\pi}\left[\ln\sec\left(\frac{\pi}{2}\frac{\tau_1}{\tau_c}\right)\right] \qquad (6.3.14)$$

如果把裂纹尖端张开位移作为非线性断裂的一个参数,那么可以建立一维六方准晶的一个断裂判据如下:

$$\delta_{\text{III}} = \delta_{\text{III}c} \qquad (6.3.15)$$

需要指出的是,$\delta_{\text{III}c}$ 是一个能由实验测定的裂纹尖端展开位移的临界值,它是一个常数。

在低应力情况下,即 $\tau_1/\tau_c \leqslant 1$ 时,变形就转化成了线性弹性:

$$\sec\left(\frac{\pi}{2}\frac{\tau_1}{\tau_c}\right) = 1 + \frac{1}{2}\left(\frac{\pi}{2}\frac{\tau_1}{\tau_c}\right)^2 + \cdots \qquad (6.3.16)$$

如果保留前两项,即有

$$\ln\sec(\frac{\pi}{2}\frac{\tau_1}{\tau_c}) = \frac{1}{2}(\frac{\pi}{2}\frac{\tau_1}{\tau_c})^2 + \frac{1}{12}(\frac{\pi}{2}\frac{\tau_1}{\tau_c})^4 + \cdots \qquad (6.3.17)$$

在线性情况下

$$\delta_{\mathrm{III}} = \frac{G_{\mathrm{III}}}{\tau_c} \qquad (6.3.18)$$

式中：G_{III} 为能量释放率，为

$$G_{\mathrm{III}} = \frac{K_2(\sqrt{\pi a}\,\tau_1)^2}{C_{44}K_2 - R_3{}^2}$$

6.3.2 准晶反平面半无限裂纹的 Dugdale 模型问题

6.3.1 节讨论了一维六方准晶中 Griffith 裂纹问题，给出了它们的精确解。本节讨论除 Griffith 裂纹以外另一些裂纹问题的解。6.3.1 节假设准晶体相对于缺陷尺寸来说很大，把准晶体当做无限大处理，而对于准晶反平面问题，从这一节研究准晶体为有限尺寸的情形。

现在来求解三维二十面体准晶反平面问题中半无限裂纹的 Dugdale 模型问题。图 6.2 表示在 III 裂纹尖端存在一个内聚力区域。内聚力区域在数学上可以看作裂纹的扩展，在物理上可以看作断裂过程区。假定三维准晶狭长体在其中部存在一条半无限裂纹，以裂纹尖端建立坐标系，$y=0^+$ 和 $y=0^-$ 分别代表裂纹的上下表面。

裂纹表面上的一段 $y=0^\pm$，$-a < x < 0$ 假定受到了均匀纵向剪切加载，$\sigma_{zy} = -\tau_0$，$H_{zy} = 0$ 的作用，其中 a 为这段裂纹的长度。假定内聚力植入材料中，即假定在裂纹尖端存在一个内聚力区域，其长度为 R 且为未知，内聚力区域受到剪切力 τ_Y 的加载（声子场），这里的 τ_Y 代表材料的剪切屈服。本质上，Dugdale 模型可以认为是两个线弹性裂纹问题的叠加：第一，趋向于撕开裂纹的均匀纵向剪切力引起的应力场问题；第二，在屈服区域裂纹表面假定受到材料屈服应力 τ_Y 的作用，它趋向于阻碍撕开裂纹。基于 Dugdale 模型的观点，剪切应力在裂纹尖端没有奇异性——这个条件就能够确定狭长体未知屈服区域的尺寸，即

$$K_{\tau 0} + K_{\tau Y} = 0 \qquad\qquad (6.3.19)$$

式中: $K_{\tau 0}$ 为由均匀纵向剪切力引起的裂纹尖端应力强度因子。同时, $K_{\tau Y}$ 表示由均匀纵向屈服剪切应力引起的裂纹尖端应力强度因子。

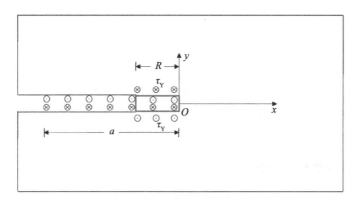

图 6.2　准晶反平面模式 III 半无限裂纹尖端包含内聚力区域模型

这个问题,基于前面的描述且按照经典弹性问题处理方法,需要处理关于应力奇异性的两个子问题。这两个子问题,下面将会用问题 I 和问题 II 来标示。

1. 问题 I

在这个问题中假定狭长体的高度为无限长。基本思想是采用保角变换将问题转换为一些 Cauchy 积分方程,然后获得它们的解。下面的边界条件应该被满足:

(1) $(x^2 + y^2)^{\frac{1}{2}} \rightarrow \infty$:

$$\sigma_{zx} = \sigma_{zy} = 0, H_{zx} = H_{zy} = 0 \qquad\qquad (6.3.20a)$$

(2) $y = 0, -\infty < x < -a$:

$$\sigma_{zy} = -\tau_0, H_{zy} = 0 \qquad\qquad (6.3.20b)$$

(3) $y = 0. -a < x < 0$:

$$\sigma_{zy} = \tau_Y - \tau_0, H_{zy} = 0 \qquad\qquad (6.3.20c)$$

如上所述,问题 I 能被看成是两个子问题的叠加。首先求解由裂纹表面均匀纵向剪切力 τ_0 引起的应力强度因子。将式 (6.3.7) 代入边界条件式

(6.3.20b)，能够得到下面方程：

$$\begin{cases} \mu(\phi'(t)+\overline{\phi'(t)})+R(\varphi'(t)+\overline{\varphi'(t)})=2\tau_0\,f \\ R(\varphi'(t)+\overline{\varphi'(t)})+(K_1-K_2)(\phi'(t)+\overline{\phi'(t)})=0 \end{cases} \quad (6.3.21)$$

其中

$$f=\begin{cases} 0, & x<-1 \\ 1, & -1<x<0 \end{cases}$$

在求解几何构型复杂的裂纹问题时，比较有效的方法是找到一个保角变换将带有缺陷的材料变换到映射平面，其中裂纹区域被变换到映射平面上的单位圆。

在这里，构造的相关保角变换为

$$t=\omega(\zeta)=m(1+\frac{2\zeta}{1-\zeta})^2 \quad (6.3.22)$$

它将物理平面上的带半无限裂纹的狭长体材料转换到映射平面单位圆 γ 的内部，其中裂纹尖端 $t=0$ 对应 $\zeta=-1$。

在变换式(6.3.22)下对式(6.3.21)采用复积分公式，得

$$\begin{cases} \mu\phi'(\zeta)+R\varphi'(\zeta)=2\tau_0\dfrac{1}{2\pi i}\displaystyle\int_\gamma \dfrac{\omega'(\sigma)}{\sigma-\zeta}\mathrm{d}\sigma=2\tau_0 F(\zeta) \\ (K_1-K_2)\phi'(\zeta)+R\varphi'(\zeta)=0 \end{cases} \quad (6.3.23)$$

式中：$\phi(\zeta)$ 和 $\varphi(\zeta)$ 为 $|\zeta|<1$ 内的单值解析函数。

通过对式(6.3.23)计算，有

$$\phi'(\zeta)=\frac{2i[(K_1-K_2)\tau_0]}{\mu(K_1-K_2)-R^2}F(\zeta) \quad (6.3.24)$$

声子场纵向剪切产生的应力强度因子能有下列表示：

$$K_{\text{III}}^{\text{phon}}=\lim_{\zeta\to-1}\tau_0\sqrt{2\pi}\,\frac{F(\zeta)}{\sqrt{\omega''(\zeta)}} \quad (6.3.25)$$

将数值 $F(-1)$ 代入式(6.3.22)，然后代入式(6.3.25)得

$$K_{\text{III}}^{\text{phon}}=\tau_0\,\frac{2\sqrt{2a\pi}}{\pi} \quad (6.3.26)$$

类似地,屈服应力 τ_Y 产生的应力强度因子也能得到:

$$K_{\text{III}}^{\text{phon}} = \tau_Y \frac{2\sqrt{2R\pi}}{\pi} \tag{6.3.27}$$

结合式(6.3.26)与式(6.3.27),注意到条件式(6.3.19),便能求出内聚力区域尺寸:

$$R = a\left(\frac{\tau_0}{\tau_Y}\right)^2 \tag{6.3.28}$$

Muskhelishvili 首先采用有理函数保角变换来研究材料缺陷问题,这里采用了他的思想,但是这里的保角变换不是有理函数,这就导致我们的裂纹尖端撕开位移很难求出,将会在下面通过求极限来得以结果。

2. 问题 II

在图 6.2 中,假定其高度为 $2H$,在狭长体中部有一半无限长裂纹,坐标原点建立在裂纹顶端。在裂纹顶端附近,即 $y = \pm 0$, $-a < x < 0$ 上作用着剪应力 $\sigma_{zy} = -\tau_1$, $H_{zy} = 0$, a 表示有限尺寸裂纹。狭长体的上下表面应力自由。边界条件如下:

$$\begin{cases} \sigma_{zy} = H_{zy} = 0, & y = \pm H, -\infty < x < +\infty \\ \sigma_{zx} = H_{zx} = 0, & -H < y < H, x = \pm\infty \\ \sigma_{zy} = H_{zy} = 0, & -\infty < x < -a, y = 0 \\ \sigma_{zy} = -\tau_1, H_{zy} = 0, & -a < x < 0, y = 0 \end{cases} \tag{6.3.29}$$

该问题和上个问题的不同之处在于狭长体的高度不再是无限高而是有限高。几乎所有的弹性公式和 6.3.1 节一样。采用文献[37]提出的保角变换如下:

$$t = \omega(\zeta) = \frac{H}{\pi}\ln\left[1 + \left(\frac{1+\zeta}{1-\zeta}\right)^2\right] \tag{6.3.30}$$

式中:裂纹尖端 $t = 0$ 转换为 $\zeta = -1$,受加载的裂纹后端上下表面 $(-a, 0^{\pm})$ 被转换为下面两点:

$$
\begin{cases}
\sigma_{-a} = \dfrac{-e^{-\pi a/H} + 2i\sqrt{1 - e^{-\pi a/H}}}{2 - e^{-\pi a/H}} \\[3mm]
\bar{\sigma}_{-a} = \dfrac{-e^{-\pi a/H} + 2i\sqrt{1 - e^{-\pi a/H}}}{2 - e^{-\pi a/H}}
\end{cases}
\tag{6.3.31}
$$

式中：$\sigma = e^{i\theta} = \zeta\big|_{|\zeta|=1}$ 表示映射平面 ζ 上的单位圆 γ。

为了求得内聚力区域尺寸，需要获得应力强度因子。根据定义，相关计算过程忽略，这里只给出结果：

$$
K_{\text{III}}^{\text{phon}} = g\,\frac{\sqrt{2H}}{\pi}\ln\frac{1 + \sqrt{1 - e^{-\pi a/H}}}{1 - \sqrt{1 - e^{-\pi a/H}}}
\tag{6.3.32}
$$

式中：$g = \tau_0$ 为均匀剪切应力情况；$g = -\tau_Y$ 为屈服应力情况。

利用式(6.3.19)，得

$$
R = \frac{\pi}{8}\left(\frac{K_{\text{III}}^{\text{phon}}}{\tau_Y}\right)^2
\tag{6.3.33}
$$

忽略相关计算过程，对于小屈服情形，裂纹尖端撕开位移为

$$
\delta_m^t = \frac{(K_1 - K_2)(K_{\text{III}}^{\text{phon}})^2}{\tau_Y\left[\mu(K_1 - K_2) - R^2\right]}
\tag{6.3.34}
$$

最后，来说明对于立方准晶和一维六方准晶情形，怎样得到类似的结果。读者发现只需要做一些相应的改变。对于三维立方准晶相应的裂纹尖端撕开位移为

$$
\delta_m^t = \frac{K_{44}(K_{\text{III}}^{\text{phon}})^2}{\tau_Y\left[C_{44}K_{44} - R_{44}^2\right]}
\tag{6.3.35}
$$

式中：C_{44} 和 K_{44} 分别表示声子场、相位子场的弹性常数；R_{44} 为声子—相位子耦合弹性常数。

如果用 K_2、R_3 取代式(6.3.35)里的 K_{44}、R_{44}，便可以得到带有半无限长裂纹的一维六方准晶狭长体 Dugdale 模型的裂纹尖端撕开位移，其中 K_2、R_3 为声子场和相位子场相应的弹性常数，而 R_3 为声子—相位子耦合弹性常数。

再来看问题 I 和问题 II 之间的关系，如果令 $H \to \infty$ 或者 $a/H \to 0$，很容易验证式(6.3.32)和式(6.3.33)能转化为式(6.3.26)和式(6.3.28)，其中用到了

下列极限:

$$\ln \frac{1+\sqrt{1-e^{-\pi a/H}}}{1-\sqrt{1-e^{-\pi a/H}}} \rightarrow 2\sqrt{\pi} \cdot \sqrt{\frac{a}{H}} \qquad (6.3.36)$$

同时结合式(6.3.34),能得到问题 I 的裂纹尖端撕开位移如下:

$$\delta_m^t = \frac{8a(K_1-K_2)\tau_0^2}{\pi\tau_Y[\mu(K_1-K_2)-R^2]} \qquad (6.3.37)$$

我们能发现,裂纹尖端撕开位移和相位子场与声子—相位子耦合是有关的,这就说明准晶的变形中,相位子场与声子—相位子耦合的作用是不能被忽略的。

6.4　二维十次对称准晶平面 Dugdale 模型问题

范天佑等和他们的同事[113,114]通过位错机制理论研究了二维十次对称准晶的 Griffith 中心裂纹塑性变形平面问题。位错的出现,已经是塑性变形的开始,位错遇到障碍会塞积起来,形成位错群,构成一种塑性区。他们采用连续分布位错的模型计算出这种塑性区的尺寸。当然裂纹顶端塑性区有大有小。如果塑性区尺寸可以和裂纹长度相比较,称为大范围塑性区,这时问题由塑性变形控制,如果塑性区尺寸和裂纹长度相比很小,则称为小范围屈服区,问题基本由弹性变形控制。他们所做的和即将做的都认为是小范围屈服。这里采用复变函数来研究这一问题,所得结果与位错模型是一致的。

6.4.1　二维十次对称准晶平面中心 Griffith 裂纹的 Dugdale 模型

对于二维十次对称准晶广义内聚力模型,假定有一条长度为 $2(l+b)$ 的虚拟 Griffith 裂纹穿透 z 轴(l 为真实裂纹的长度,b 为原子内聚区域的长度),如图 6.3 所示。

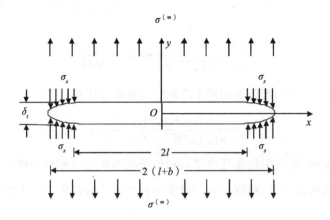

图 6.3　二维十次对称准晶广义内聚力模型示意图

　　假定原子内聚区域内应力分布是已知的。因此,二维十次对称准晶广义内聚力模型相当于求下列问题的解:

$$\begin{cases} \sigma_{yy}=\sigma^{(\infty)}, H_{yy}=0, \sigma_{xx}=\sigma_{xy}=0, H_{xx}=H_{xy}=0, \sqrt{x^2+y^2}\rightarrow\infty \\ \sigma_{yy}=\sigma_{xy}=0, H_{yy}=H_{xy}=0, y=0, |x|<l \\ \sigma_{yy}=\sigma_s, \sigma_{xy}=0, H_{yy}=0, H_{xy}=0, y=0, l<|x|<l+b \end{cases}$$

$$(6.4.1)$$

显然这个问题可以分成以下两个子问题来求解:

$$\begin{cases} \sigma_{xx}=\sigma_{xy}=\sigma_{yy}=0, H_{xx}=H_{xy}=H_{yy}=0, \sqrt{x^2+y^2}\rightarrow\infty \\ \sigma_{yy}=\sigma_{xy}=0, H_{xy}=H_{yy}=0, y=0, |x|<l \\ \sigma_{yy}=\sigma_s, \sigma_{xy}=0, H_{xy}=H_{yy}=0, l<|x|<l+b \end{cases}$$

$$(6.4.2a)$$

和

$$\begin{cases} \sigma_{yy}=\sigma^{(\infty)}, \sigma_{xx}=\sigma_{xy}=0, H_{xx}=H_{xy}=0, \sqrt{x^2+y^2}\rightarrow\infty \\ \sigma_{yy}=\sigma_{xy}=0, H_{yy}=H_{xy}=0, y=0, |x|<l+b \end{cases} \quad (6.4.2b)$$

式中:在无限远处受到拉应力 $\sigma^{(\infty)}$,原子内聚区域内应力分布为 σ_s。

　　在前面讲到裂纹可以看成是椭圆孔短半轴趋于零的特殊情形,需要用到下面的保角映射：

$$z = \omega(\zeta) = \frac{(l+b)}{2}\left(\zeta + \frac{1}{\zeta}\right) \tag{6.4.3}$$

把 z 平面上裂纹外部变换到 ζ 平面上的单位圆内部或者外部。

由第 4 章知道，需要求解下列方程：

$$f_4(\zeta) + \overline{f_3(\zeta)} + \frac{\omega(\zeta)}{\overline{\omega'(\zeta)}}\,\overline{f'_4(\zeta)} = \frac{i}{32c_1}\int(T_x + iT_y)\,\mathrm{d}s \tag{6.4.4}$$

式中：$f_4(\zeta)$ 代表 $h_4(\zeta)$ 或者 $\tilde{h}_4(\zeta)$；$f_3(\zeta)$ 代表 $h_3(\zeta)$ 或者 $\tilde{h}_3(\zeta)$；T_x 和 T_y 分别为 x 方向和 y 方向的面力分量，上面的过程中，相位子场的讨论被忽略。$h_4(\zeta)$、$\tilde{h}_4(\zeta)$、$h_3(\zeta)$ 和 $\tilde{h}_3(\zeta)$ 的定义与第 4 章类似。

对于第一个问题式(6.4.2a)，有

$$\begin{cases} h_4(\zeta) = \dfrac{1}{32c_1} \cdot \dfrac{\sigma_s(l+b)\varphi_2}{\pi} \cdot \dfrac{1}{\zeta} - \dfrac{1}{32c_1} \cdot \dfrac{\sigma_s}{2\pi i}\left[z\left(\ln\dfrac{\sigma_2-\zeta}{\sigma_2-\zeta} + \ln\dfrac{\sigma_2+\zeta}{\sigma_2+\zeta}\right) - \right. \\ \left. l\ln\dfrac{(\zeta-\sigma_2)(\zeta+\overline{\sigma_2})}{(\zeta+\sigma_2)(\zeta-\overline{\sigma_2})}\right] \\ h_3(\zeta) = \dfrac{1}{32c_1} \cdot \dfrac{\sigma_s(l+b)\varphi_2}{\pi} \cdot \dfrac{2\zeta}{\zeta^2-1} - \dfrac{1}{32c_1} \cdot \dfrac{\sigma_s l}{2\pi i}\ln\dfrac{(\zeta-\sigma_2)(\zeta+\overline{\sigma_2})}{(\zeta+\sigma_2)(\zeta-\overline{\sigma_2})} \end{cases} \tag{6.4.5}$$

而对于第二个问题式(6.4.2b)，它的解如下：

$$\begin{cases} \tilde{h}_4(\zeta) = -\dfrac{1}{32c_1}\dfrac{\sigma^{(\infty)}}{2}(l+b)\dfrac{1}{\zeta} \\ \tilde{h}_3(\zeta) = -\dfrac{\sigma^{(\infty)}}{32c_1}(l+b)\left[\dfrac{\zeta}{(\zeta^2-1)}\right] \end{cases} \tag{6.4.6}$$

式中：c_1 见第 4 章；$\sigma_2 = e^{i\varphi_2}$；$l = (l+b)\cos\varphi_2$。

还需要指出的是，$\sigma_2 = e^{i\varphi_2}$ 相对于 z 平面上的 $z=l$ 点。

根据叠加原理，得到了二维十次对称准晶广义内聚力模型的复势解如下：

$$\hat{h}_4(\zeta) = h_4(\zeta) + \tilde{h}_4(\zeta) =$$

$$\frac{(l+b)}{32c_1} \cdot \left(\frac{\sigma_s \varphi_2}{\pi} - \frac{\sigma^{(\infty)}}{2}\right)\frac{1}{\zeta} - \frac{1}{32c_1} \cdot \frac{\sigma_s}{2\pi i}\left[z\left(\ln\frac{\sigma_2-\zeta}{\overline{\sigma_2}-\zeta} + \ln\frac{\zeta+\overline{\sigma_2}}{\zeta+\sigma_2}\right) - l\ln\frac{(\zeta-\sigma_2)(\zeta+\overline{\sigma_2})}{(\zeta+\sigma_2)(\zeta-\overline{\sigma_2})}\right]$$

$$\hat{h}_3(\zeta) = h_3(\zeta) + \tilde{h}_3(\zeta) =$$

$$\frac{(l+b)}{32c_1} \cdot \left(\frac{2\sigma_s \varphi_2}{\pi} - \sigma^{(\infty)}\right)\frac{2\zeta}{\zeta^2-1} - \frac{1}{32c_1} \cdot \frac{\sigma_s l}{2\pi i}\ln\frac{(\zeta-\sigma_2)(\zeta+\overline{\sigma_2})}{(\zeta+\sigma_2)(\zeta-\overline{\sigma_2})}$$

$$(6.4.7)$$

因为在裂纹尖端区域内应力为有限值,所以

$$\frac{(l+b)}{32c_1} \cdot \left(\frac{\sigma_s \varphi_2}{\pi} - \frac{\sigma^{(\infty)}}{2}\right)\frac{1}{\zeta} = 0 \tag{6.4.8}$$

因此有

$$\varphi_2 = \frac{\pi}{2}\frac{\sigma^{(\infty)}}{\sigma_s} \tag{6.4.9}$$

同时,注意到 $l = (l+b)\cos\varphi_2$,便得到了原子内聚力区域的长度:

$$b = l\left[\sec\left(\frac{\pi}{2}\frac{\sigma^{(\infty)}}{\sigma_s}\right) - 1\right] \tag{6.4.10}$$

现在来计算裂纹尖端张开位移 δ_t(CTOD)。根据上面的复势和位移公式(见式(4.1.25)),经过计算,有

$$u_y(x,0) = (128c_1c_2 - 64c_3)\text{Im}(\hat{h}_4(\zeta)) \tag{6.4.11}$$

把式(6.4.7)代入式(6.4.11),同时注意到式(6.4.8),得到

$$u_y(x,0) = \frac{(4c_1c_2 - 2c_3)}{c_1} \cdot \frac{\sigma_s(l+b)}{2\pi} \cdot \left[\cos\varphi\ln\frac{\sin(\varphi_2-\varphi)}{\sin(\varphi_2+\varphi)} - \cos\varphi_2\ln\frac{(\sin\varphi_2-\sin\varphi)}{(\sin\varphi_2+\sin\varphi)}\right]$$

$$(6.4.12)$$

于是有

$$\delta_t = \lim_{x\to l}2u_y(x,0) = \lim_{\varphi\to\varphi_2}2u_y(x,0) = \frac{(8c_1c_2 - 4c_3)\sigma_s l}{c_1\pi}\ln\sec\left(\frac{\pi}{2}\frac{\sigma^{(\infty)}}{\sigma_s}\right)$$

$$(6.4.13)$$

式中：c_1、c_2、c_3 见第 4 章。当 $R_1=R$，$R_2=0$ 时，δ_t 将是相对应的点群 10mm 二维准晶的解：

$$\delta_t=\frac{2\sigma_s l}{\pi}\left[\frac{1}{L+M}+\frac{K_1}{MK_1-R^2}\right]\text{lnsec}(\frac{\pi}{2}\frac{\sigma^{(\infty)}}{\sigma_s}) \tag{6.4.14}$$

对于式(6.4.14)给定的参量 δ_t，能够给出一个二维十次对称准晶平面问题的非线性断裂判据：

$$\delta_t=\delta_{tc} \tag{6.4.15}$$

式中：δ_{tc} 为裂纹尖端展开位移的临界值，是一个能被实验测定的材料常数。

在低应力情况下，即 $\frac{\sigma^{(\infty)}}{\sigma_s}\ll 1$，通过和 6.3 节一样的分析，变形就转化成了线性弹性，即

$$\delta_t=\frac{G_{\mathrm{I}}}{\sigma_s} \tag{6.4.16}$$

式中：G_{I} 为能量释放率，即

$$G_{\mathrm{I}}=\frac{1}{4}\left[\frac{1}{L+M}+\frac{K_1}{MK_1-R^2}\right](\sqrt{\pi a}\,\sigma^{(\infty)})^2 \tag{6.4.17}$$

这便给出了在线性情况下这些参数之间的联系。

如果令耦合常数 $R=o(K_1)$，$K_1\to 0$，便得到了普通晶体的裂纹尖端张开位移的解如下：

$$\delta_t=\text{CTOD}=\frac{2\sigma_s l}{\pi}\frac{(L+2M)}{(L+M)M}\text{lnsec}(\frac{\pi}{2}\frac{\sigma^{(\infty)}}{\sigma_s}) \tag{6.4.18}$$

其中：$L=C_{12}$，$M=C_{66}$。

如果晶体是各向同性的，有 $L=\lambda$，$M=\mu$，即为 Lame 常数，那么

$$\delta_t=\begin{cases}\dfrac{(1+\kappa)\sigma_s l}{\pi\mu}\text{lnsec}(\dfrac{\pi}{2}\dfrac{\sigma^{(\infty)}}{\sigma_s})=\dfrac{4(1-\nu)\sigma_s l}{\pi\mu}\text{lnsec}(\dfrac{\pi}{2}\dfrac{\sigma^{(\infty)}}{\sigma_s}),\text{平面应变状态}\\[4mm]\dfrac{(1+\kappa')\sigma_s l}{\pi\mu}\text{lnsec}(\dfrac{\pi}{2}\dfrac{\sigma^{(\infty)}}{\sigma_s})=\dfrac{4\sigma_s l}{(1+\nu)\pi\mu}\text{lnsec}(\dfrac{\pi}{2}\dfrac{\sigma^{(\infty)}}{\sigma_s}),\text{平面应力状态}\end{cases} \tag{6.4.19}$$

式中：$\kappa=3-4\nu$ 对应于平面应变状态；$\kappa'=\dfrac{3-\nu}{1+\nu}$ 对应于平面应力状态；ν 为各向

同性固体的泊松比，这样得到的烦琐的解就完全退化成著名的经典普通各向同性材料的非线性断裂力学 Dugdale 模型的解。

6.4.2　二维十次对称准晶平面单边裂纹的 Dugdale 模型

有一带有单边裂纹的狭长体，在裂纹尖端建立直角坐标系，假定狭长体宽度无限大，长度为 l，单边裂纹的长度为 a。假定裂纹表面 $y=0$，$-a<x<0$ 受到均衡压应力 p 的作用。在裂纹尖端已经发生了塑性变形，内聚力区域的尺寸为 R，且为未知，内聚力区域存在 $\sigma_{yy}=\sigma_Y$ 的作用，其中 σ_Y 为二维准晶屈服应力极限，如图 6.4 所示。

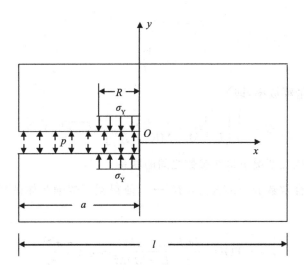

图 6.4　二维十次对称准晶单边裂纹的 *Dugdale* 模型

此问题可以看出下列两个边值问题的叠加，即

$$
\begin{cases}
\sigma_{yy}=\sigma_{xy}=0, H_{yy}=H_{yx}=0, y\pm\infty, -a<x<l-a \\
\sigma_{xx}=\sigma_{xy}=0, H_{xx}=H_{xy}=0, -\infty<y<+\infty, x=-a, x=l-a \\
\sigma_{yy}=-p, \sigma_{xy}=0, H_{yy}=H_{yx}=0, y=\pm0, -a<x<0
\end{cases}
\tag{6.4.20a}
$$

和

$$
\begin{cases}
\sigma_{yy} = \sigma_{xy} = 0, H_{yy} = H_{yx} = 0, y \pm \infty, -a < x < l-a \\
\sigma_{xx} = \sigma_{xy} = 0, H_{xx} = H_{xy} = 0, -\infty < y < +\infty, x = -a, x = l-a \\
\sigma_{yy} = \sigma_{Y}, \sigma_{xy} = 0, H_{yy} = H_{yx} = 0, y = \pm 0, -R < x < 0
\end{cases}
\tag{6.4.20b}
$$

在第 4 章,得到式(6.4.20a)的应力强度因子如下:

$$
K_I^p = \frac{\sqrt{\pi}}{16c_1} \frac{h'_4(0)}{\sqrt{\omega''(0)}}
\tag{6.4.21a}
$$

采用同样的方法,对于式(6.4.20b)有

$$
K_I^{\sigma_Y} = \frac{\sqrt{\pi}}{16c_1} \frac{\tilde{h}'_4(0)}{\sqrt{\omega''(0)}}
\tag{6.4.21b}
$$

式中:$\tilde{h}'_4(0)$能像第 4 章确定 $h'_4(0)$ 一样确定。

由于裂纹尖端没有奇异性,可以求解得到内聚力区域尺寸。计算如下:
与第 4 章类似,基于式(6.4.21b),有

$$
\tilde{h}_4{}'(0) = \frac{1}{32c_1} \frac{\sigma_Y l}{\pi^2 i} \tan\left(\frac{\pi a}{2l}\right) \int_{-\zeta_1}^{\zeta_1} \frac{1}{\left[1 + (1-\sigma^2)\tan^2\left(\frac{\pi a}{2l}\right)\right]\sqrt{1-\sigma^2}} d\sigma
\tag{6.4.22}
$$

其中,ζ_1 由下列式子确定:

$$
-R = \left(\frac{2l}{\pi}\right) \arctan\left[\sqrt{1-\zeta_1{}^2} \cdot \tan\left(\frac{\pi a}{2l}\right)\right] - a
\tag{6.4.23}
$$

令 $\sigma = \sin t, t \in [0, \theta], \sin\theta = \zeta_1$,方程(6.4.23)变为

$$
\frac{1}{32c_1} \frac{2\sigma_Y l}{\pi^2 i} \tan\left(\frac{\pi a}{2l}\right) \int_0^\theta \frac{1}{\left[1 + \cos^2 t \cdot \tan^2\left(\frac{\pi a}{2l}\right)\right]} dt
$$

$$
= \frac{1}{32c_1} \frac{2\sigma_Y l}{\pi^2 i} \tan\left(\frac{\pi a}{2l}\right) \frac{1}{\sqrt{1 + \tan^2\left(\frac{\pi a}{2l}\right)}} \arctan\left(\frac{\tan t}{\sqrt{1 + \tan^2\left(\frac{\pi a}{2l}\right)}}\right) \Bigg|_0^\theta
$$

$$
= \frac{1}{32c_1} \frac{2\sigma_Y l}{\pi^2 i} \tan\left(\frac{\pi a}{2l}\right)\cos\left(\frac{\pi a}{2l}\right) \cdot \arctan\left(\cos\left(\frac{\pi a}{2l}\right) \cdot \tan\theta\right)
\tag{6.4.24}
$$

由于裂纹尖端没有奇异性,得

$$K_1^p + K_1^{\sigma Y} = 0 \Rightarrow \frac{2\sigma_Y l}{\pi^2 i} \tan(\frac{\pi a}{2l}) \cdot \cos(\frac{\pi a}{2l}) \cdot \arctan\left(\cos(\frac{\pi a}{2l}) \cdot \tan\theta\right) = \frac{pl}{\pi i}\sin(\frac{\pi a}{2l})$$

$$(6.4.25)$$

同时注意到式(6.4.23)为

$$\frac{(a-R)\pi}{2l} = \arctan\left[\sqrt{1-\zeta_1^{\,2}} \cdot \tan(\frac{\pi a}{2l})\right] \Rightarrow$$

$$\tan\left(\frac{(a-R)\pi}{2l}\right) = \sqrt{1-\zeta_1^{\,2}} \cdot \tan(\frac{\pi a}{2l}) \Rightarrow \sqrt{1-\zeta_1^{\,2}} = \frac{\tan\left(\dfrac{(a-R)\pi}{2l}\right)}{\tan(\dfrac{\pi a}{2l})}$$

$$(6.4.26)$$

联立式(6.4.25)与式(6.4.26)得

$$\cos(\frac{\pi a}{2l}) \cdot \zeta_1 \cdot \frac{\tan(\dfrac{\pi a}{2l})}{\tan\left(\dfrac{(a-R)\pi}{2l}\right)} = \tan(\frac{p\pi}{2\sigma_Y}) \Rightarrow$$

$$\sqrt{1-\left[\frac{\tan\left(\dfrac{(a-R)\pi}{2l}\right)}{\tan(\dfrac{\pi a}{2l})}\right]^2} \cdot \frac{\sin(\dfrac{\pi a}{2l})}{\tan\left(\dfrac{(a-R)\pi}{2l}\right)} = \tan(\frac{p\pi}{2\sigma_Y}) \Rightarrow$$

$$\sqrt{1-\left[\frac{\tan\left(\dfrac{(a-R)\pi}{2l}\right)}{\tan(\dfrac{\pi a}{2l})}\right]^2} = \frac{\tan(\dfrac{p\pi}{2\sigma_Y})\tan\left(\dfrac{(a-R)\pi}{2l}\right)}{\sin(\dfrac{\pi a}{2l})}$$

$$(6.4.27)$$

最后得到内聚力区域为

$$\frac{\tan^2\left(\dfrac{(a-R)\pi}{2l}\right)}{\tan^2(\dfrac{\pi a}{2l})} + \frac{\tan^2(\dfrac{p\pi}{2\sigma_Y})\tan^2\left(\dfrac{(a-R)\pi}{2l}\right)}{\sin^2(\dfrac{\pi a}{2l})} = 1 \Rightarrow R = a -$$

$$\frac{2l}{\pi}\arctan\left(\frac{1}{\sqrt{(A^2+B^2)}}\right)$$

(6.4.28)

其中

$$A=\frac{1}{\tan\left(\frac{\pi a}{2l}\right)},\quad B=\frac{\tan\left(\frac{p\pi}{2\sigma_Y}\right)}{\sin\left(\frac{\pi a}{2l}\right)}$$

(6.4.29)

6.4.3　二维十次对称准晶平面半无限裂纹的 Dugdale 模型

考虑带有半无限裂纹的无限高的十次对称二维准晶狭长体的 Dugdale 模型问题。同时假定裂纹穿透 x_3 方向,半无限裂纹上的一段 $y=0$, $-a<x<0$ 受到均衡压应力 p 的作用。以裂纹尖端为坐标原点,建立坐标系,假定在裂纹尖端已经发生了塑性变形,未知内聚力区域的尺寸为 R,内聚力区域存在 $\sigma_{yy}=\sigma_Y$ 的作用,其中 σ_Y 为二维准晶屈服应力极限,如图 6.5 所示。

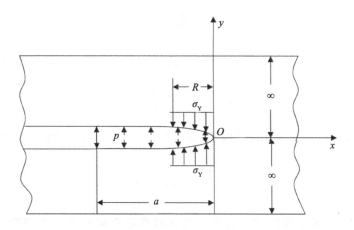

图 6.5　二维十次对称准晶半无限裂纹的 Dugdale 模型

该问题的边界条件如下:

$$\begin{cases} y=0, -a<x<0 : \sigma_{yy}=-p, H_{yy}=0, \sigma_{xy}=0, H_{xy}=0 \\ y=0, -R<x<0 : \sigma_{yy}=\sigma_Y, H_{yy}=0, \sigma_{xy}=0, H_{xy}=0 \\ y=0, x<-a : \sigma_{yy}=0, H_{yy}=0, \sigma_{xy}=0, H_{xy}=0 \\ (x^2+y^2)^{\frac{1}{2}} \to \infty : \sigma_{ij}=0, H_{ij}=0 \end{cases} \tag{6.4.30}$$

由叠加原理,该问题可以看成下列两个子边值问题的叠加,即

$$\begin{cases} y=0, -a<x<0 : \sigma_{yy}=-p, H_{yy}=0, \sigma_{xy}=0, H_{xy}=0 \\ y=0, x<-a : \sigma_{yy}=0, H_{yy}=0, \sigma_{xy}=0, H_{xy}=0 \\ (x^2+y^2)^{\frac{1}{2}} \to \infty : \sigma_{ij}=0, H_{ij}=0 \end{cases} \tag{6.4.31a}$$

与

$$\begin{cases} y=0, -R<x<0 : \sigma_{yy}=\sigma_Y, H_{yy}=0, \sigma_{xy}=0, H_{xy}=0 \\ y=0, x<-R : \sigma_{yy}=0, H_{yy}=0, \sigma_{xy}=0, H_{xy}=0 \\ (x^2+y^2)^{\frac{1}{2}} \to \infty : \sigma_{ij}=0, H_{ij}=0 \end{cases} \tag{6.4.31b}$$

问题式(6.4.31a)的应力强度因子在第 4 章已经获得,即

$$K_I^p = \frac{2\sqrt{2a\pi}\,p}{\pi} \tag{6.4.32}$$

问题式(6.4.31b)的应力强度因子也可以类似地求得(计算过程这里略去):

$$K_I^{\sigma_Y} = -\frac{2\sqrt{2R\pi}\,\sigma_Y}{\pi} \tag{6.4.33}$$

由裂纹尖端总的应力强度因子为零,即 $K_I^p + K_I^{\sigma_Y}=0$,便可以得

$$R = a\left(\frac{p}{\sigma_Y}\right)^2$$

6.4.4 二维十次对称准晶平面带有对称半无限裂纹的有限高狭长体的 Dugdale 模型

考虑带有对称半无限裂纹的有限高的十次对称二维准晶狭长体的问题,这里狭长体的高不再是无限长,而高度为 H。同时假定裂纹穿透 x_3 方向,裂纹上

的一段 $y=0$，　$-a < x < 0$ 受到均衡压应力 p 或者剪切应力 τ 的作用。以裂纹尖端为坐标原点，建立坐标系，假定在裂纹尖端已经发生了塑性变形，未知内聚力区域的尺寸为 R，内聚力区域存在 $\sigma_{yy} = \sigma_Y$ 的作用，其中 σ_Y 为二维准晶屈服应力极限，如图 6.6 所示。

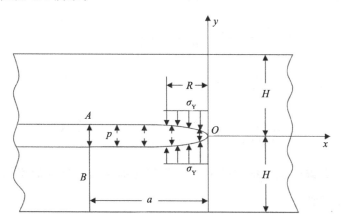

图 6.6　二维十次对称准晶对称半无限裂纹的有限高狭长体的 Dugdale 模型

该问题由以下两个子问题叠加，相应的边界条件为

$$\begin{cases} \sigma_{xy} = \sigma_{yy} = 0, H_{xy} = H_{yy} = 0, y = \pm H, -\infty < x < +\infty \\ \sigma_{xx} = \sigma_{xy} = 0, H_{xx} = H_{xy} = 0, -H < y < H, x = \pm\infty \\ \sigma_{yy} = \sigma_{xy} = 0, H_{yy} = H_{xy} = 0, -\infty < x < -a, y = 0 \\ \sigma_{yy} = -p, \sigma_{xy} = 0, H_{yy} = H_{xy} = 0, -a < x < 0, y = 0 \end{cases} \qquad (6.4.34a)$$

与

$$\begin{cases} \sigma_{xy} = \sigma_{yy} = 0, H_{xy} = H_{yy} = 0, y = H_2 \text{ 或 } y = -H_1, -\infty < x < +\infty \\ \sigma_{xx} = \sigma_{xy} = 0, H_{xx} = H_{xy} = 0, -H_1 < y < H_2, x = \pm\infty \\ \sigma_{yy} = \sigma_{xy} = 0, H_{yy} = H_{xy} = 0, -\infty < x < -R, y = 0 \\ \sigma_{yy} = \sigma_Y, \sigma_{xy} = 0, H_{yy} = H_{xy} = 0, -R < x < 0, y = 0 \end{cases} \qquad (6.4.34b)$$

第 4 章已经求得在裂纹尖端相应的声子场模式 I 裂纹应力强度因子：

$$K_{\mathrm{I}}^p = \frac{\sqrt{2H}p}{\pi} \ln \frac{1 + \sqrt{1 - e^{-\pi a/H}}}{1 - \sqrt{1 - e^{-\pi a/H}}} \qquad (6.4.35)$$

问题式(6.4.34b)的应力强度因子也可以类似地求得(计算过程这里略去):

$$K_I^{\sigma_Y} = -\frac{\sqrt{2H}\sigma_Y}{\pi}\ln\frac{1+\sqrt{1-e^{-\pi R/H}}}{1-\sqrt{1-e^{-\pi R/H}}} \tag{6.4.36}$$

由裂纹尖端总的应力强度因子为零,即 $K_I^p + K_I^{\sigma_Y} = 0$,便可以得

$$\ln\frac{1+\sqrt{1-e^{-\pi a/H}}}{1-\sqrt{1-e^{-\pi a/H}}} = \frac{\sigma_Y}{p}\ln\frac{1+\sqrt{1-e^{-\pi R/H}}}{1-\sqrt{1-e^{-\pi R/H}}} \tag{6.4.37}$$

在小屈服下,即 $R \ll a$ 和 $\dfrac{R}{H} \to 0$,有

$$R = \frac{Hp^2}{16\pi\sigma_Y{}^2}\ln\frac{1+\sqrt{1-e^{-\pi a/H}}}{1-\sqrt{1-e^{-\pi a/H}}} = \frac{\pi}{8}\left(\frac{K_I^p}{\sigma_Y}\right)^2 \tag{6.4.38}$$

6.4.5　二维十次对称准晶平面带有非对称半无限裂纹的有限高狭长体的 Dugdale 模型

最后考虑带有非对称半无限裂纹的有限高的十次对称二维准晶狭长体的问题,这里狭长体的高也不再是无限长,上下高也不对称,上下高度分别为 H_2 和 H_1。同时假定裂纹穿透 x_3 方向,裂纹上的一段 $y=0$,$-a < x < 0$ 受到均衡压应力 p 的作用。以裂纹尖端为坐标原点,建立坐标系,假定在裂纹尖端已经发生了塑性变形,未知内聚力区域的尺寸为 R,内聚力区域存在 $\sigma_{yy} = \sigma_Y$ 的作用,其中 σ_Y 为二维准晶屈服应力极限,如图 6.7 所示。

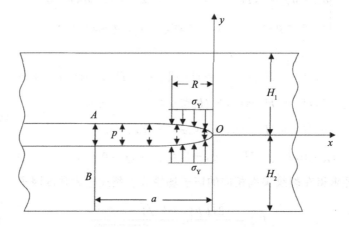

图 6.7　二维十次对称准晶非对称半无限裂纹的有限高狭长体的 Dugdale 模型

该问题由以下两个子问题叠加,相应的边界条件为

$$\begin{cases} \sigma_{xy}=\sigma_{yy}=0, H_{xy}=H_{yy}=0, y=H_2 \text{ 和 } y=-H_1, -\infty<x<+\infty \\ \sigma_{xx}=\sigma_{xy}=0, H_{xx}=H_{xy}=0, -H_1<y<H_2, x=\pm\infty \\ \sigma_{yy}=\sigma_{xy}=0, H_{yy}=H_{xy}=0, -\infty<x<-a, y=0 \\ \sigma_{yy}=-p, \sigma_{xy}=0, H_{yy}=H_{xy}=0, -a<x<0, y=0 \end{cases} \tag{6.4.39a}$$

与

$$\begin{cases} \sigma_{xy}=\sigma_{yy}=0, H_{xy}=H_{yy}=0, y=H_2 \text{ 或 } y=-H_1, -\infty<x<+\infty \\ \sigma_{xx}=\sigma_{xy}=0, H_{xx}=H_{xy}=0, -H_1<y<H_2, x=\pm\infty \\ \sigma_{yy}=\sigma_{xy}=0, H_{yy}=H_{xy}=0, -\infty<x<-R, y=0 \\ \sigma_{yy}=\sigma_Y, \sigma_{xy}=0, H_{yy}=H_{xy}=0, -R<x<0, y=0 \end{cases} \tag{6.4.39b}$$

第 4 章已经求得式(6.4.39a)在裂纹尖端相应的声子场模式 I 裂纹应力强度因子:

$$K_I^p = \frac{\sqrt{H_1}\,p}{\pi}\left(\frac{H_1+H_2}{H_2}\right)^{-\frac{1}{2}}\left[\ln\left(\frac{1+H_1\sigma_{-a}/H_2}{1-\sigma_{-a}}\right)-\ln\left(\frac{1+H_1\overline{\sigma_{-a}}/H_2}{1-\overline{\sigma_{-a}}}\right)\right]$$

$$\tag{6.4.40}$$

问题式(6.4.39b)的应力强度因子也可以类似地求得(计算过程这里略去):

$$K_I^{\sigma Y} = -\frac{\sqrt{H_1}\,\sigma_Y}{\pi}\left(\frac{H_1+H_2}{H_2}\right)^{-\frac{1}{2}}\left[\ln\left(\frac{1+H_1\sigma_{-R}/H_2}{1-\sigma_{-R}}\right)-\ln\left(\frac{1+H_1\bar{\sigma}_{-R}/H_2}{1-\bar{\sigma}_{-R}}\right)\right]$$

$$\tag{6.4.41}$$

我们得到了两个子问题的应力强度因子,也就是说可以获得相应的内聚力区域尺寸,这里仅仅来看特殊情况。

当 $H_1=H_2=H$,所有非对称裂纹的解可以转化到对称裂纹的解,同时有

$$R = \frac{Hp^2}{4\pi\sigma_Y^2}\left(\ln\frac{1+\sqrt{1-e^{-\pi a/H}}}{1-\sqrt{1-e^{-\pi a/H}}}\right)^2 = \frac{\pi}{8}\left(\frac{K_I^p}{\sigma_Y}\right)^2 \tag{6.4.42}$$

最后如果令 $\frac{a}{H}\to0$,对称裂纹的解又转化到半无限裂纹情况,有兴趣的读者可以自己转换,这里仅仅就是求极限问题。

6.5 三维二十次面体准晶平面中心 Griffith 裂纹 Dugdale 模型

在 6.4 节和 6.5 节中通过复变函数方法结合 Dugdale 模型获得了一维和二维准晶的解,对其非线性变形模拟是有用的,对于三维二十次面体准晶平面中心 Griffith 裂纹 Dugdale 模型,由于方程众多,弹性参数也很多,仅简单介绍。

对于三维准晶,由于原子在三个方向上都是准周期排列的,和前面章节一样,应力、应变、位移的表达式等都可以在上面章节找到,假定存在一条长度为 $2l$ 的 Griffith 裂纹穿透 z 轴的无限大准晶,这样所有的场变量都与变量 z 无关,其中在无限远处受到拉应力 $\sigma^{(\infty)}$ 的作用。通过和第 3 章类似的分析,最终的控制方程为

$$\nabla^2 \nabla^2 \nabla^2 \nabla^2 \nabla^2 \nabla^2 G = 0 \tag{6.5.1}$$

通过采用复势法(烦琐的过程可以参照第 5 章),得

$$
\begin{cases}
G = \dfrac{1}{128} \mathrm{Re}\left[g_1(z) + \bar{z} g_2(z) + \bar{z}^2 g_3(z) + \bar{z}^3 g_4(z) + \bar{z}^4 g_5(z) + \bar{z}^5 g_6(z) \right] \\[2mm]
\sigma_{xx} + \sigma_{yy} = 48 c_2 c_3 R \mathrm{Im}\, \Gamma'(z) \\[2mm]
\sigma_{yy} - \sigma_{xx} + 2i\sigma_{xy} = 8i c_2 c_3 R (12\psi'(z) - \Omega'(z)) \\[2mm]
u_y + i u_x = -6 c_3 R \left(\dfrac{2c_2}{\lambda + \mu} + c_4 \right) \overline{\Gamma(z)} - 2 c_3 c_7 R \Omega(z) \\[2mm]
c_1 = \dfrac{R(2K_2 - K_1)(\mu K_1 + \mu K_2 - 3R^2)}{2(\mu K_1 - 2R^2)} \\[3mm]
c_2 = \mu(K_1 - K_2) - R^2 - \dfrac{(\mu K_2 - R^2)^2}{\mu K_1 - 2R^2} \\[3mm]
c_3 = \dfrac{1}{R} K_2 (\mu K_2 - R^2) - R(2K_2 - K_1) \\[3mm]
c_4 = \dfrac{c_2 K_1 + 2 c_1 R}{\mu K_1 - 2R^2} \\[3mm]
\lambda = C_{12} \\[2mm]
\mu = \dfrac{C_{11} - C_{12}}{2}
\end{cases}
\tag{6.5.2}
$$

其中,$\psi(z)$、$\Gamma(z)$、$\Omega(z)$ 与第 3 章表示一样,都是由 $g_i(z) (i = 1, 2, \cdots, 6)$ 表示的。从上面的解可以得到应力强度因子为

$$K_{\mathrm{I}} = \sqrt{\pi l}\, \sigma^{(\infty)} \tag{6.5.3}$$

和能量释放率为

$$G_{\mathrm{I}}=\frac{1}{2}\left(\frac{1}{\lambda+\mu}+\frac{c_4}{c_2}\right)(K_{\mathrm{I}})^2 \qquad (6.5.4)$$

基于能量释放率,相应的断裂判据可以这样建立:

$$G_{\mathrm{I}}=G_{\mathrm{Ic}} \qquad (6.5.5)$$

式中: G_{Ic} 为材料能量释放率的临界值,为一个可以通过实验测定的常数。

和上面一样,假定 b 为原子内聚区域的长度,类似二维的情况,这里直接写出三维二十面体准晶广义内聚力模型的复势解如下:

$$\Gamma(\zeta)=\frac{(l+b)}{12c_2c_3R}\cdot\left[\frac{\sigma_s\varphi_2}{\pi}-\frac{\sigma^{(\infty)}}{2}\right]\frac{1}{\zeta}-$$

$$\frac{1}{12c_2c_3R}\cdot\frac{\sigma_s}{2\pi}\left[z\left(\ln\frac{\sigma_2-\zeta}{\overline{\sigma_2}-\zeta}+\ln\frac{\sigma_2+\zeta}{\overline{\sigma_2}+\zeta}\right)-l\ln\frac{(\zeta-\sigma_2)(\zeta+\overline{\sigma_2})}{(\zeta+\sigma_2)(\zeta-\overline{\sigma_2})}\right]$$

$$(6.5.6)$$

因为在裂纹尖端区域内应力为有限值,所以

$$\frac{(l+b)}{12c_2c_3R}\cdot\left(\frac{\sigma_s\varphi_2}{\pi}-\frac{\sigma^{(\infty)}}{2}\right)\frac{1}{\zeta}=0 \qquad (6.5.7)$$

因此有

$$\varphi_2=\frac{\pi}{2}\frac{\sigma^{(\infty)}}{\sigma_s} \qquad (6.5.8)$$

同时,注意到 $l=(l+b)\cos\varphi_2$,便得到了原子内聚力区域的长度:

$$b=l\left[\sec\left(\frac{\pi}{2}\frac{\sigma^{(\infty)}}{\sigma_s}\right)-1\right] \qquad (6.5.9)$$

直接写出裂纹尖端张开位移

$$u_y(x,0)=-12c_3R\left(\frac{c_2}{\lambda+\mu}+c_4\right)\mathrm{Re}(\Gamma(\zeta)) \qquad (6.5.10)$$

把式(6.5.6)代入式(6.5.10),同时注意到式(6.5.7),有

$$u_y(x,0) = \left(\frac{1}{\lambda+\mu}+\frac{c_4}{c_2}\right) \cdot \frac{\sigma_s(l+b)}{2\pi} \cdot \left[\cos\varphi\ln\frac{\sin(\varphi_2-\varphi)}{\sin(\varphi_2+\varphi)} - \cos\varphi_2\ln\frac{(\sin\varphi_2-\sin\varphi)}{(\sin\varphi_2+\sin\varphi)}\right]$$

$$(6.5.11)$$

即得

$$\delta_t = \lim_{x\to l}2u_y(x,0) = \lim_{\varphi\to\varphi_2}2u_y(x,0) = 2\left(\frac{1}{\lambda+\mu}+\frac{c_4}{c_2}\right) \cdot \frac{\sigma_s l}{\pi} \cdot \ln\sec\left(\frac{\pi}{2}\frac{\sigma^{(\infty)}}{\sigma_s}\right)$$

$$(6.5.12)$$

现在来看不同晶系的非线性解的数值化结果。对于二十面体准晶,采用常见的 Al-Mn-Pd 准晶,这种准晶的相关常数是由谐振超声谱测定获得的,为 $\lambda=75\text{GPa}, \mu=65\text{GPa}$,相位子场的常数为 $K_1=72\text{MPa}, K_2=-37\text{MPa}$,声子—相位子场耦合常数为 $R=650\text{MPa}$。而对于另外一种 Al-Cu-Li 二十面体准晶,采用 $\lambda=30.4\text{GPa}, \mu=40.9\text{GPa}$,而对于相关的相位子场弹性常数和声子—相位子场耦合弹性常数为 $K_1=300\text{MPa}, K_2=150\text{MPa}, R=0.8\text{GPa}$。对于普通晶体,考虑到准晶的基底主要是金属铝,便取金属铝作为普通晶体,其 Lame 常数为 $\lambda=52.1\text{GPa}, \mu=26.8\text{GPa}$。考虑到实际情况,对于准晶,取 $\sigma_s=\sigma_c=500\text{MPa}$,对于普通晶体,也取 $\sigma_s=\sigma_c=500\text{MPa}$,并且把裂纹尖端张开位移和应力通过采取 $\delta_t/l, \sigma^{(\infty)}/\sigma_s$ 无量纲化。两种二十面体准晶的标准化的裂纹尖端张开位移与标准化应力与普通晶体的对比通过图 6.8 表示出来。

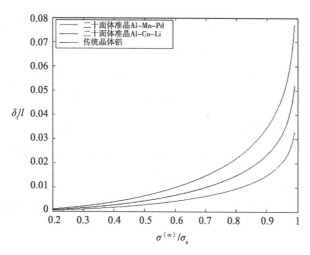

图 6.8　无量纲化裂纹尖端张开位移与普通晶体对比

从图 6.8 能够看出三维二十面体准晶与普通晶体的差别,容易看出,对称性越不好的晶系,越不容易发生断裂。并且还发现当二十面体准晶的弹性常数 λ、μ 很小时,裂纹尖端张开位移反而变大。我们认为这些现象的出现主要是由于存在相位子场的缘故。为了进一步分析相位子的影响,还得到在 λ、μ 相同而相位子场常数不同时的同种三维二十面体准晶的数值结果,如图 6.9 所示。可以看出相位子场有着明显的影响,而且起主要作用是常数 K_1,一般与 K_1 的数值成正比。

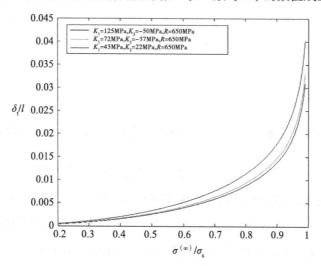

图 6.9　二十面体准晶标准化裂纹尖端张开位移在不同相位子场弹性常数时对比

为了看清不同晶系的不同性质,还获得了一种三维二十面体准晶 Al-Mn-Pd 标准化裂纹尖端张开位移与一种点群 10 面体二维准晶 Al-Ni-Co 标准化裂纹尖端张开位移的对比图,如图 6.10 所示。对于这两种准晶所采用的弹性常数分别为 $\lambda = 75\mathrm{GPa}, \mu = 65\mathrm{GPa}, K_1 = 72\mathrm{MPa}, K_2 = -37\mathrm{MPa}, R = 650\mathrm{MPa}$ 和 $C_{11} = 234.3\mathrm{GPa}, C_{12} = 57.41\mathrm{GPa}, K_1 = 122\mathrm{GPa}$ 与 $K_2 = 24\mathrm{GPa}, R_1 = -1.1, R_2 = 0.2$ (GPa)。对于不同的晶系,周期对称性越不好就越不容易发生断裂,从而点群 10 面体准晶比三维二十面体准晶更容易断裂。与图 6.8 一样,能够知道普通晶体周期对称性最好,但是却容易发生断裂。上面这些结果比较符合我们的常规预期。

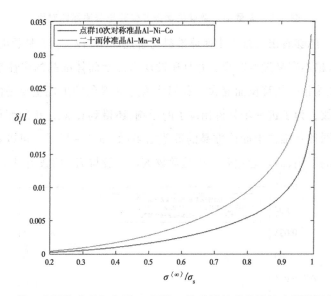

图 6.10　三维二十面体准晶与点群 10 面体二维准晶标准化裂纹尖端张开位移对比

上面这些结果显示了相位子场对准晶非线性断裂的影响,从而使得我们对于相位子场对准晶塑性的影响有了深刻的认识,那些图也表明了相位子场将会限制准晶的塑性变形,此外,声子场与相位子场的耦合作用也起了限制作用。由此可见,这些结果也能够把准晶和普通晶体区别开来。这些结果也披露了不同晶系的性质,在非线性断裂理论上,对称性越不好的晶系,越不容易发生断裂。

这些结果显示唯象模型——Dugdale 模型能够使由于塑性引起的非线性问题线性化,而且提供可行的解决方案。复变函数和保角映射的应用取得了很好的效果。通过这种方法,非常精确地获得了准晶裂纹尖端张开位移与内聚力区域两个有意义的量。裂纹尖端撕开位移和相位子场与声子—相位子耦合是有关的,这就说明准晶的变形中,相位子场与声子—相位子耦合的作用是不能被忽略的。上面这些工作也表明了这些方法能够对进一步研究准晶塑性和创立准晶塑性本构方程起到积极的促进作用,并且它们可能为我们研究准晶的非线性理论提供新的思想。尽管还没有建立准晶的塑性变形塑性本构关系,但是通过上面得到的结果,同样看到了相位子模在非线性变形和断裂理论里面起到了重要作用。而且得到的裂纹尖端位移能够作为准晶非线性断裂的一个判据。

第 7 章　声子晶体研究方法及其应用

　　声子晶体可以看成一种或者几种弹性介质在宏观尺度下周期性嵌入到另一种弹性介质中构成了内部具有周期性的复合介质。这和准晶微观特性是不一样的。理论上适当选择组元材料的弹性与周期排列方式，这种复合介质就会具有带隙特性，会产生缺陷态，可见声子晶体是固体物理中晶体概念在弹性波意义下的推广。由于声子晶体的结构周期性在宏观尺度上，因此将声子晶体内部同一组元介质看成理想的弹性介质，满足弹性动力学关于介质的假定，像第 2 章一样，采用弹性动力学方程来描述弹性波与介质的相互作用是合适的。能带结构是研究固体中基础，带隙是对于不可约 Brillouin 区的所有波矢量，没有任何色散曲线进入的频率区域。在带隙的频率范围内，由于不存在任何的本征模式，因此弹性波不能在其中传播。带隙频率范围、对弹性波传播的衰减能力等都与声子晶体等类比天然晶体的人工周期复合材料中，是否存在带隙，在哪个频率范围内出现带隙，均可认为设计和控制。所以声子晶体研究的意义在于实现其对弹性波的控制。

　　目前对声子晶体带隙机制的研究主要依赖于相应的带隙结构特性的计算。目前弹性波带隙特性的计算方法主要有传递矩阵法、平面波展开法、时域有限差分法、多重散射法、集中质量法及有限元法。这里主要介绍平面波展开法，其他方法请查阅文献[185]。其中平面波展开法在概念上简单明了，在方法上又能给出明显的物理意义，因此在能带的计算上得到了广泛的应用。由于声子之间没有复杂的作用，理论上可以非常准确地预言声子晶体的性质，这对指导实验是有重要意义的。平面波展开法（Plane Wave Expansion Method）是最常用的声子晶体研究的计算带隙的方法之一，其基本思想为：由声子晶体的结构周期性，可以把弹性常数、密度等参数按傅里叶级数展开，并与 Bloch 定理结合，从而化成一个本征方程，求解本征值便可以得到本征频率，从而得到声子晶体的能带结构。这种方法在很多组合的声子晶体上是相当成功的。但是对于当材料常数和填充率相差较大时收敛慢而且比较消耗时间的缺点，当前微机运行速度的大幅度提高，保证了可以采用足够的平面波数，提高了这种方法的收敛性。

7.1　声子晶体波动方程的的平面波展开

再来看平面波展开法的具体算法，因为声子晶体的弹性系数和密度都是周期变化的，所以 $\lambda(\vec{r})$、$\mu(\vec{r})$ 与 $\rho(\vec{r})$ 都是空间变量 $\vec{r}$ 的周期函数：

$$\begin{cases} \lambda(\vec{r}+\vec{R})=\lambda(\vec{r}) \\ \mu(\vec{r}+\vec{R})=\mu(\vec{r}) \\ \rho(\vec{r}+\vec{R})=\rho(\vec{r}) \end{cases} \qquad (7.1.1)$$

式中：矢量 $\vec{R}=n_1\vec{a}_1+n_2\vec{a}_2+n_3\vec{a}_3$、$n_1$、$n_2$、$n_3$ 为整数，$\vec{a}_1$、$\vec{a}_2$、$\vec{a}_3$ 为不共面得三个基矢量。由于它们都是周期函数，上述三个系数可以按傅里叶级数展开：

$$\begin{cases} \lambda(\vec{r}) = \sum_{\vec{G}} \lambda_{\vec{G}} e^{i\vec{G}\cdot\vec{r}} \\ \mu(\vec{r}) = \sum_{\vec{G}} \mu_{\vec{G}} e^{i\vec{G}\cdot\vec{r}} \\ \rho(\vec{r}) = \sum_{\vec{G}} \rho_{\vec{G}} e^{i\vec{G}\cdot\vec{r}} \end{cases} \qquad (7.1.2)$$

式中：$\vec{G}$ 为倒格矢量，也具有周期性；$\sum_{\vec{G}}(\cdot)$ 代表对所有倒格矢量求和。

由于上面的傅里叶级数的系数都具有相同的周期性，根据 Bloch 理论，其本征值可写成如下形式：

$$\vec{u}(\vec{r},t) = e^{i(\vec{k}\cdot\vec{r}-\omega t)}\,\vec{u}_{\vec{k}}(\vec{r}) \tag{7.1.3}$$

式中：$\vec{k}$ 为 Bloch 矢量，属于第一 Brillouin 区；ω 是波的角频率；$\vec{u}_{\vec{k}}(\vec{r})$ 和三个常数一样也是周期函数，也可以展开傅里叶级数的形式：

$$\vec{u}_{\vec{k}}(\vec{r}) = \sum_{\vec{G}} \vec{u}_{\vec{k}+\vec{G}}\, e^{i\vec{G}\cdot\vec{r}} \tag{7.1.4}$$

所以，本征值最后的形式为

$$\vec{u}(\vec{r},t) = e^{-i\omega t}\sum_{\vec{G}} e^{i(\vec{k}+\vec{G})\cdot\vec{r}}\,\vec{u}_{\vec{k}+\vec{G}} \tag{7.1.5}$$

将上面这些展开式代入式（2.6.8）或式（2.6.9）中，便得（由于有二重求和，所以用 $\vec{G}_1$、$\vec{G}_2$ 来区分）

$$\omega^2 \sum_{\vec{G}_1} \rho_{\vec{G}_1} \sum_{\vec{G}_2} e^{i[(\vec{k}+\vec{G}_1+\vec{G}_2)\cdot\vec{r}-\omega t]} =$$

$$\sum_{\vec{G}_1}\sum_{\vec{G}_2} e^{i[(\vec{k}+\vec{G}_1+\vec{G}_2)\cdot\vec{r}-\omega t]}\{\mu_{\vec{G}_1}\sum_j [(\vec{k}+\vec{G}_2)_j\,(\vec{k}+\vec{G}_1+\vec{G}_2)_j]u^i_{\vec{k}+\vec{G}_2} +$$

$$\sum_i [\lambda_{\vec{G}_1}\,(\vec{k}+\vec{G}_2)_l\,(\vec{k}+\vec{G}_1+\vec{G}_2)_i + \mu_{\vec{G}_1}\,(\vec{k}+\vec{G}_2)_i\,(\vec{k}+\vec{G}_1+\vec{G}_2)_l]u^l_{\vec{k}+\vec{G}_2}\}$$

$$\tag{7.1.6}$$

式中：$i,j,l=x,y,z$，由于与求和符号无关，上式两边可以消去 $e^{-i\omega t}$，但是 $e^{i[(k+G_1+G_2)\cdot r]}$ 与求和符号有关而不能直接消去。在方程两端乘以 $e^{-i(k+G_3)\cdot r}$，并且在整个原胞上对方程两端积分。将积分与求和交换顺序，则可以求积分 $\int_{\vec{r}} e^{i(\vec{G}_1+\vec{G}_2-\vec{G}_3)\cdot r}dr = \delta_{\vec{G}_1+\vec{G}_2,\vec{G}_3}$，即仅当 $\vec{G}_1+\vec{G}_2=\vec{G}_3$ 时，求和号内的项为非零，所以把 $\vec{G}_2=\vec{G}_3-\vec{G}_1$ 代入上面方程（7.1.6），并把对 $\vec{G}_1$ 求和消去，方程变为

$$\omega^2 \sum_{\vec{G_2}} \rho_{\vec{G_3}-\vec{G_2}} u_{\vec{k}+\vec{G_2}}^i = \sum_{\vec{G_2}} \{\mu_{\vec{G_3}-\vec{G_2}} \sum_j [(\vec{k}+\vec{G_2})_j \ (\vec{k}+\vec{G_3})_j] u_{\vec{k}+\vec{G_2}}^i +$$

$$\sum_i [\lambda_{\vec{G_3}-\vec{G_2}} \ (\vec{k}+\vec{G_2})_l \ (\vec{k}+\vec{G_3})_i + \mu_{\vec{G_3}-\vec{G_2}} \ (\vec{k}+\vec{G_2})_i \ (\vec{k}+\vec{G_3})_l] u_{\vec{k}+\vec{G_2}}^l \}$$

$$(7.1.7)$$

写成矩阵形式如下：

$$\omega^2 \begin{bmatrix} \sum_{\vec{G_2}} \rho_{\vec{G_3}-\vec{G_2}} & 0 & 0 \\ 0 & \sum_{\vec{G_2}} \rho_{\vec{G_3}-\vec{G_2}} & 0 \\ 0 & 0 & \sum_{\vec{G_2}} \rho_{\vec{G_3}-\vec{G_2}} \end{bmatrix} \begin{bmatrix} u_{\vec{k}+\vec{G_2}}^x \\ u_{\vec{k}+\vec{G_2}}^y \\ u_{\vec{k}+\vec{G_2}}^z \end{bmatrix} = \begin{bmatrix} M_{xx} & M_{xy} & M_{xz} \\ M_{yx} & M_{yy} & M_{yz} \\ M_{zx} & M_{zy} & M_{zz} \end{bmatrix} \begin{bmatrix} u_{\vec{k}+\vec{G_2}}^x \\ u_{\vec{k}+\vec{G_2}}^y \\ u_{\vec{k}+\vec{G_2}}^z \end{bmatrix}$$

$$(7.1.8)$$

其中

$$M_{il} = \sum_{\vec{G_2}} \{\mu_{\vec{G_3}-\vec{G_2}} \sum_j [(\vec{k}+\vec{G_2})_j \ (\vec{k}+\vec{G_3})_j] \delta_{il} +$$

$$\sum_i [\lambda_{\vec{G_3}-\vec{G_2}} \ (\vec{k}+\vec{G_2})_l \ (\vec{k}+\vec{G_3})_i + \mu_{\vec{G_3}-\vec{G_2}} \ (\vec{k}+\vec{G_2})_i \ \zeta_{\vec{k}}+\vec{G_3})_l] u_{\vec{k}+\vec{G_2}}^l \}$$

上述方程中，$\vec{G_2}$ 取遍整个倒格矢量空间时，$u_{\vec{k}}^i+\vec{G_2}$ 变成一个无穷维数的列向量，那么关于 $\vec{G_2}$ 的求和可以用其相应的行向量代替。如果 $\vec{G_2}$ 在倒格矢量空间取 N 个点时，上面的矩阵方程就是 $3\times 3N$ 的。由于 $\vec{G_3}$ 同样可以在倒格矢量空间取 N 个点，则可以得到一组 $3N\times 3N$ 的矩阵方程组：

$$\omega^2 N \begin{bmatrix} u_{\vec{k}+\vec{G_2}}^x \\ u_{\vec{k}+\vec{G_2}}^y \\ u_{\vec{k}+\vec{G_2}}^z \end{bmatrix} = M \begin{bmatrix} u_{\vec{k}+\vec{G_2}}^x \\ u_{\vec{k}+\vec{G_2}}^y \\ u_{\vec{k}+\vec{G_2}}^z \end{bmatrix} \tag{7.1.9}$$

两边同时乘以 N^{-1}，得

$$\omega^2 \begin{bmatrix} u^x_{\vec{k}+\vec{G}_2} \\ u^y_{\vec{k}+\vec{G}_2} \\ u^z_{\vec{k}+\vec{G}_2} \end{bmatrix} = H^{-1}M \begin{bmatrix} u^x_{\vec{k}+\vec{G}_2} \\ u^y_{\vec{k}+\vec{G}_2} \\ u^z_{\vec{k}+\vec{G}_2} \end{bmatrix} \tag{7.1.10}$$

上式其实就是求解 $N^{-1}M$ 的本征值和本征向量的问题，ω 就是其本征值。所以对每一个波矢 $\vec{k}$，求解 $N^{-1}M$ 的本征值就得到了该波矢在周期介质中传播的本征频率 ω。

来看双组成份的复合介质，在这种复合介质中，每一元胞仅含有二种材料，分别用 A 和 B 来表示，相对应的系数可以分别表示成 λ_A、μ_A、ρ_A 和 λ_B、μ_B、ρ_B，相对应的体积比分别为 F 和 $1-F$。因此材料系数可以表示成更简单的形式。这里只说明其中的一个，例如 $\rho_{\vec{G}}$，其他两个与此类似：

$$\rho_{\vec{G}} = V^{-1}\int dr^3 \rho(r)e^{-i\vec{G}\cdot\vec{r}} \tag{7.1.11}$$

上式中积分区间为整个原胞，V 为原胞的体积。

如果复合介质是二维周期结构，那么原胞的体积 V 由原胞的面积 S 来代替。当 $\vec{G}=0$ 时，式(7.1.11)可以写成简单的质量密度的平均值形式：

$$\rho(\vec{G}=0) = \rho_{\vec{G}} = f_A F + f_B(1-F) \tag{7.1.12}$$

当 $\vec{G}\neq 0$ 时，式(7.1.11)能够写成如下形式：

$$\rho_{\vec{G}} = V^{-1}\rho_A \int_A d^3r e^{-i\vec{G}\cdot\vec{r}} + V^{-1}\rho_B \int_B d^3r e^{-i\vec{G}\cdot\vec{r}} =$$
$$V^{-1}(\rho_A - \rho_B)\int_A d^3r e^{-i\vec{G}\cdot\vec{r}} + V^{-1}f_B \int_{A+B} d^3r e^{-i\vec{G}\cdot\vec{r}} \tag{7.1.13}$$

上式第二项的积分等于零，对于一个第一项积分定义一个结构函数：

$$P(\vec{G}) = V^{-1}\int_A d^3r e^{-i\vec{G}\cdot\vec{r}} \tag{7.1.14}$$

因此得

$$\rho_{\vec{G}} = \begin{cases} \rho_A F + \rho_B(1-F) \equiv \bar{\rho}, \vec{G} = 0 \\ (\rho_A - \rho_B)P(\vec{G}) \equiv (\Delta\rho)P(\vec{G}), \vec{G} \neq 0 \end{cases} \tag{7.1.15}$$

类似地,得到 $\lambda_{\vec{G}}, \mu_{\vec{G}}$ 的表达式:

$$\lambda_{\vec{G}} = \begin{cases} \lambda_A F + \lambda_B(1-F) \equiv \bar{\lambda}, \vec{G} = 0 \\ (\lambda_A - \lambda_B)\rho(\vec{G}) \equiv (\Delta\lambda)P(\vec{G}), \vec{G} \neq 0 \end{cases} \tag{7.1.16a}$$

$$\mu_{\vec{G}} = \begin{cases} \mu_A F + \mu_B(1-F) \equiv \bar{\mu}, \vec{G} = 0 \\ (\mu_A - \mu_B)\rho(\vec{G}) \equiv (\Delta\mu)P(\vec{G}), \vec{G} \neq 0 \end{cases} \tag{7.1.16b}$$

需要指出的是,结构函数的形式仅仅与组元 A 的几何形状有关,而与具体排列无关。这里列出一些比较几个常见的结构函数(通过对相应的式(7.1.14)积分得到)。

(1)在圆柱体以正方形排列的二维声子晶体中,假定圆柱体的半径为 R,正方形的边长为 a(也叫晶格常数),则结构函数为

$$P(\vec{G}) = 2F\frac{J_1(|\vec{G}|R)}{|\vec{G}|R} \tag{7.1.17}$$

式中: $F = \dfrac{\pi R^2}{a^2}$,且 $F \in \left[0, \dfrac{\pi}{4}\right]$;$J_1(\cdot)$ 为第一类一阶贝塞尔函数。

(2)如果柱体的横截面为边长为 $2l$ 的正方形,则结构函数为

$$P(\vec{G}) = F\left(\frac{\sin(G_x l)}{G_x l}\right)\left(\frac{\sin(G_y l)}{G_y l}\right) \tag{7.1.18}$$

式中:相应的体积占有比率 $F = \dfrac{4l^2}{a^2}$,且 $F \in [0,1]$。

我们来看对于无限理想形式(平行 z 轴)的固体柱放入固体基体中组成的声子晶体(可以知道 $\lambda(\vec{r})$、$\mu(\vec{r})$、$\rho(\vec{r})$ 与 z 轴坐标无关),假定弹性波在 xy 平面内传播($u(\vec{r}) = u(x,y)$),此时式(7.1.6)可以解耦成两个独立的

波动方程。

第一个是描述 z 轴的位移的标量方程：

$$-\rho\omega^2 u^z = \nabla(\mu\,\nabla u^z) \tag{7.1.19}$$

因为 z 轴方向的振动与波的传播（xy 平面）垂直，所以此方程描述的是一个横向偏振模。

第二个是描述 xy 平面内位移的矢量（包含纵波模和横波模的混合）方程：

$$\frac{\partial^2 u^i}{\partial t^2} = \frac{1}{\rho}\left\{\frac{\partial}{\partial x_i}(\lambda\,\frac{\partial u^l}{\partial x_l}) + \frac{\partial}{\partial x_l}[\mu(\frac{\partial u^l}{\partial x_i}+\frac{\partial u^i}{\partial x_l})]\right\}; i,l=x,y \tag{7.1.20}$$

上式可以分解成

$$\frac{\partial^2 u^x}{\partial t^2} = \frac{1}{\rho}\left\{\frac{\partial}{\partial x}(\lambda\,\frac{\partial u^x}{\partial x}) + \frac{\partial}{\partial x}[\mu(\frac{\partial u^x}{\partial x}+\frac{\partial u^x}{\partial x}) + \frac{\partial}{\partial x}(\lambda\,\frac{\partial u^x}{\partial x}) + \frac{\partial}{\partial y}[\mu(\frac{\partial u^x}{\partial y}+\frac{\partial u^y}{\partial x})]\right\}$$

$$\tag{7.1.21a}$$

$$\frac{\partial^2 u^y}{\partial t^2} = \frac{1}{\rho}\left\{\frac{\partial}{\partial y}(\lambda\,\frac{\partial u^x}{\partial x}) + \frac{\partial}{\partial x}[\mu(\frac{\partial u^y}{\partial x}+\frac{\partial u^x}{\partial y}) + \frac{\partial}{\partial y}(\lambda\,\frac{\partial u^y}{\partial y}) + \frac{\partial}{\partial y}[\mu(\frac{\partial u^y}{\partial y}+\frac{\partial u^y}{\partial y})]\right\}$$

$$\tag{7.1.21b}$$

由于二维空间的周期性，根据 Bloch 理论以及参数 $\lambda(\vec{r})$、$\mu(\vec{r})$、$\rho(\vec{r})$ 的展开形式，式（7.1.19）和式（7.1.20）能够变成如下形式：

$$-\omega^2 u^z_{\vec{k}+\vec{G}} = \sum_{\vec{G_1},\vec{G_2}} \rho^{-1}_{\vec{G}-\vec{G_2}}\lambda_{\vec{G_2}-\vec{G_1}}(\vec{k}+\vec{G_1})(\vec{k}+\vec{G_2})u^z_{\vec{k}+\vec{G_1}} \tag{7.1.22}$$

和

$$\omega^2 u^i_{\vec{k}+\vec{G}} =$$

$$\sum_{\vec{G_1}}\left\{\sum_{l,\vec{G_2}}\rho^{-1}_{\vec{G}-\vec{G_2}}[\lambda_{\vec{G_2}-\vec{G_1}}(\vec{k}+\vec{G_1})_l\,(\vec{k}+\vec{G_2})_i + \mu_{\vec{G_2}-\vec{G_1}}(\vec{k}+\vec{G_1})_i\,(\vec{k}+\vec{G_2})_l + \right.$$

$$\left.\mu_{\vec{G_2}-\vec{G_1}}(\vec{k}+\vec{G_1})_i\,(\vec{k}+\vec{G_2})]\right\}u^l_{\vec{k}+\vec{G_1}} + \sum_{\vec{G_2}}[\rho^{-1}_{\vec{G}-\vec{G_2}}\mu_{\vec{G_2}-\vec{G_1}}\sum_j(\vec{k}+\vec{G_1})_j$$

$$(\vec{k}+\vec{G_2})_j u^i_{\vec{k}+\vec{G_1}}$$

$$\tag{7.1.23}$$

上面这个方程可以化成 x 方向和 y 方向的标量形式：

$$\omega^2 u^x_{\vec{k}+\vec{G}} = \sum_{\vec{G_1}} \{ \sum_{\vec{G_2}} \rho^{-1}_{\vec{G}-\vec{G_2}} [(\lambda_{\vec{G_2}-\vec{G_1}} + \mu_{\vec{G_2}-\vec{G_1}}) (k_x + G^x_1)(k_x + G^x_2) +$$

$$\mu_{\vec{G_2}-\vec{G_1}} \sum_j (\vec{k}+\vec{G_1})_j (\vec{k}+\vec{G_2})_j] u^x_{\vec{k}+\vec{G_1}} \} +$$

$$\sum_{\vec{G_1}} \{ \sum_{\vec{G_2}} \rho^{-1}_{\vec{G}-\vec{G_2}} (k_y + G^y_1)(k_x + G^x_2) + \mu_{\vec{G_2}-\vec{G_1}} (k_x + G^x_1)(k_y + G^y_2)] u^y_{\vec{k}+\vec{G_1}} \}$$

$$(7.1.24a)$$

$$\omega^2 u^y_{\vec{k}+\vec{G}} = \sum_{\vec{G_1}} \{ \sum_{\vec{G_2}} \rho^{-1}_{\vec{G}-\vec{G_2}} [\lambda_{\vec{G_2}-\vec{G_1}} (k_x + G^x_1)(k_y + G^y_2) + \mu_{\vec{G_2}-\vec{G_1}} (k_y + G^y_1)(k_x + G^x_2)]$$

$$u^x_{\vec{k}+\vec{G_1}} \} + \sum_{\vec{G_1}} \{ \sum_{\vec{G_2}} \rho^{-1}_{\vec{G}-\vec{G_2}} [(\lambda_{\vec{G_2}-\vec{G_1}} + \mu_{\vec{G_2}-\vec{G_1}}) (k_y + G^y_1)(k_y + G^y_2) + \mu_{\vec{G_2}-\vec{G_1}} \sum_j (\vec{k}+\vec{G_1})_j$$

$$(\vec{k}+\vec{G_2})_j] u^y_{\vec{k}+\vec{G_1}} \}$$

$$(7.1.24b)$$

如果在倒格矢量空间取 N 个点，在 z 方向的横波模式变成 $N \times N$ 的本征值方程，而 xy 平面内的混合模式变成 $2N \times 2N$ 的本征值方程。这就是二维固体—固体声子晶体理想状态下的平面波理论。

7.2　覆盖在基底上层状声子晶体带结构实例

对于板状和一些半无限的周期材料中表面波和 Lame 波的传播，已经有了一些研究[186-196]。Tanaka 和 Tamura[186-187] 获得了 AlAs 散射体圆柱在 GaAs 基体组成的正方形晶格的表面波模的色散曲线，并且观察到了表面波和伪表面波模的禁带分布。这项工作后来由 Wu 等[188] 得到了完善。另外，Lamb 波在薄复合介质中传播的研究也吸引了研究者的注意。纵波和横波在薄板的边界发射回来产生的耦合使得这个研究比表面波的研究更加复杂。Chen 等[189,190] 得到了一维和二维薄的复合介质中 Lame 波传播的能带特性、禁带分布。近来，Sun 和 Wu 等[191-193] 根据 Mindlin 板理论给出了一个研究这项课题的新方法。

本小节来研究覆盖在基底上层状声子晶体带结构及一些参数对带结构的影响。首先,简单介绍一下表面波的概念。声表面波是沿物理表面传播的一种弹性波。1885 年英国物理学家瑞利(Rayleigh)根据对地震波的研究从理论上阐明了在各向同性固体表面弹性波的特性,证明了弹性半空间和无限介质之间的差别。1974 年 Alsap 和 Goodman 等证明了瑞利波是 P 波和 SV 波的非均匀平面波彼此干涉的结果。

瑞利波的主要特点如下:

(1)沿水平方向 x 轴传播,垂直方向 z 的振幅随着离开表面的距离而指数衰减,是一种非均匀的表面波。

(2)瑞利波水平方向 x 轴传播的速度 V_R 小于横波的速度,对于各向同性介质,瑞利波的波速为 $V_R = \dfrac{0.87+1.12\nu}{1+\nu} V_t$,其中 ν 为材料的泊松比,V_t 为横波的波速。而且 V_R 与频率无关,即无频散。

(3) 能量分布仅限于自由表面垂向于两倍瑞利波波长范围内的薄层介质内。

(4) 瑞利波垂直方向位移分量较水平方向位移分量超前 $\dfrac{\pi}{2}$ 相位,而两者幅值不相等,因而其振动轨迹为一个椭圆。

我们来看覆盖在基底上层状声子晶体带结构,如果考虑固体圆柱体 A(称为散射体)嵌入另一固体 B(称为基体)组成正方柱的单位原胞,其中 a 表示正方形单位原胞的边长,R 表示散射体的半径,h 表示层状声子晶体的厚度,如图 7.1 所示。

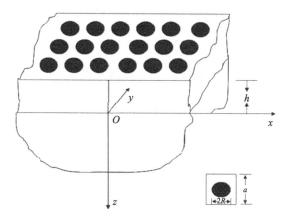

图 7.1　覆盖在基底上层状声子晶体示意图

其波动控制方程为(忽略体积力)

$$
\begin{cases}
\dfrac{\partial \sigma_{xx}}{\partial x}+\dfrac{\partial \sigma_{xy}}{\partial y}+\dfrac{\partial \sigma_{xz}}{\partial z}=\rho\,\dfrac{\partial^2 u}{\partial t^2}\\[3mm]
\dfrac{\partial \sigma_{yx}}{\partial x}+\dfrac{\partial \sigma_{yy}}{\partial y}+\dfrac{\partial \sigma_{yz}}{\partial z}=\rho\,\dfrac{\partial^2 v}{\partial t^2}\\[3mm]
\dfrac{\partial \sigma_{zx}}{\partial x}+\dfrac{\partial \sigma_{zy}}{\partial y}+\dfrac{\partial \sigma_{zz}}{\partial z}=\rho\,\dfrac{\partial^2 w}{\partial t^2}
\end{cases}
\tag{7.2.1}
$$

令 $\vec{r}=(\vec{x},z)=(x,y,z)$ 表示位置矢量,密度、弹性常数和 7.1 节一样,可以展开成傅里叶级数的形式,这里不再列写。其填充率为

$$
F=\frac{\pi R^2}{a^2}
\tag{7.2.2}
$$

由于这里的介质不是无限介质,必须考虑衰减,因此在位移向量上乘以 $e^{i\lambda z}$ 以符合表面波的特性:

$$
u(r,t)=\sum_{G}A_G(z)e^{i(k+G)x-i\omega t}e^{i\lambda z}
\tag{7.2.3}
$$

式中:λ 为 z 方向的波数;k、G 的定义如 7.1 节一样,但是省略了矢量符号,以下同。

先来看波在 $z>0$ 方向传播的情况,因为材料和上面声子晶体的基底材料 B 相同,也可以假定是一个散射体和基底材料一样的半无限声子晶体,其位移矢

量为

$$\tilde{u}(r,t)=\sum_{G}\tilde{A}_{G}(z)e^{i(k+G)x-i\omega t}e^{i\tilde{\lambda}z} \tag{7.2.4}$$

把式(7.2.4)和式(7.1.2)代入其波动控制方程(7.2.1)得到特征方程为

$$\begin{pmatrix} M_{G,G'}^{(1)}-\tilde{\lambda}^{2}N_{G,G'}^{(1)} & L_{G,G'}^{(1)} & \tilde{\lambda}K_{G,G'}^{(1)} \\ L_{G,G'}^{(2)} & M_{G,G'}^{(2)}-\tilde{\lambda}^{2}N_{G,G'}^{(2)} & \tilde{\lambda}K_{G,G'}^{(2)} \\ \tilde{\lambda}J_{G,G'}^{(1)} & \tilde{\lambda}J_{G,G'}^{(2)} & M_{G,G'}^{(3)}-\tilde{\lambda}^{2}N_{G,G'}^{(3)} \end{pmatrix}\begin{bmatrix} \tilde{A}_{G'}^{(1)} \\ \tilde{A}_{G'}^{(2)} \\ \tilde{A}_{G'}^{(3)} \end{bmatrix}=0$$

$$\tag{7.2.5}$$

其中

$$M_{G,G'}^{(1)}=\omega^{2}\rho_{G-G'}-(k_{1}+G_{1})(k_{1}+G_{1}')C_{G-G'}^{11}-(k_{2}+G_{2})(k_{2}+G_{2}')C_{G-G'}^{44}$$

$$M_{G,G'}^{(2)}=\omega^{2}\rho_{G-G'}-(k_{2}+G_{2})(k_{2}+G_{2}')C_{G-G'}^{11}-(k_{1}+G_{1})(k_{1}+G_{1}')C_{G-G'}^{44}$$

$$M_{G,G'}^{(3)}=\omega^{2}\rho_{G-G'}-(k_{1}+G_{1})(k_{1}+G_{1}')C_{G-G'}^{44}-(k_{2}+G_{2})(k_{2}+G_{2}')C_{G-G'}^{44}$$

$$N_{G,G'}^{(i)}=C_{G-G'}^{44},i=1,2$$

$$N_{G,G'}^{(3)}=C_{G-G'}^{11}$$

$$L_{G,G'}^{(1)}=-(k_{1}+G_{1})(k_{2}+G_{2}')C_{G-G'}^{12}-(k_{1}+G_{1}')(k_{2}+G_{2})C_{G-G'}^{44}$$

$$L_{G,G'}^{(2)}=-(k_{2}+G_{2})(k_{1}+G_{1}')C_{G-G'}^{12}-(k_{2}+G_{2}')(k_{1}+G_{1})C_{G-G'}^{44}$$

$$K_{G,G'}^{(i)}=-(k_{i}+G_{i})C_{G-G'}^{12}-(k_{i}+G_{i}')C_{G-G'}^{44},i=1,2$$

$$J_{G,G'}^{(i)}=-(k_{i}+G_{i}')C_{G-G'}^{12}-(k_{i}+G_{i})C_{G-G'}^{44},i=1,2$$

假定

$$\begin{cases} \tilde{\lambda}\tilde{\tilde{A}}_{G'}^{(i)}=\tilde{A}_{G'}^{(i)},i=1,2 \\ \tilde{\tilde{A}}_{G'}^{(3)}=\tilde{A}_{G'}^{(3)} \end{cases} \tag{7.2.6}$$

上面的广义特征值方程变为(关于$\tilde{\lambda}^{2}$)

$$(\tilde{\lambda}^{2}P_{G,G'}-Q_{G,G'})\tilde{\tilde{A}}_{G'}=0 \tag{7.2.7}$$

变换一下得

$$\tilde{\lambda}^{2}P_{G,G'}\tilde{\tilde{A}}_{G'}=Q_{G,G'}\tilde{\tilde{A}}_{G'} \tag{7.2.8}$$

其中

$$P_{G,G'} = \begin{bmatrix} N_{G,G'}^{(1)} & 0 & 0 \\ 0 & N_{G,G'}^{(2)} & 0 \\ -J_{G,G'}^{(1)} & -J_{G,G'}^{(2)} & N_{G,G'}^{(3)} \end{bmatrix}, Q_{G,G'} = \begin{bmatrix} M_{G,G'}^{(1)} & L_{G,G'}^{(1)} & K_{G,G'}^{(1)} \\ L_{G,G'}^{(2)} & M_{G,G'}^{(2)} & K_{G,G'}^{(2)} \\ 0 & 0 & M_{G,G'}^{(3)} \end{bmatrix}$$

如果 G、G' 都取 N 个倒格矢量，上述方程给出了 $3N$ 个特征值 $\tilde{\lambda}_l{}^2 (l=1,2,$ $\cdots, 3N)$，当表面波在 $z>0$ 介质中传播时，$\lambda = \tilde{\lambda}_l$ 必须有一个正的虚部，即 $\mathrm{Im}(\tilde{\lambda}_l)>0$。因为以 $z>0$ 方向递减衰减或传播的一组弹性波定义为上传波，反之为下传波。

上传波：

$$\begin{cases} \mathrm{Re}(\lambda)<0, \mathrm{Im}(\lambda)=0 \\ \mathrm{Re}(\lambda)>0, \quad 其他 \end{cases} \tag{7.2.9}$$

下传波：

$$\begin{cases} \mathrm{Re}(\lambda)>0, \mathrm{Im}(\lambda)=0 \\ \mathrm{Re}(\lambda)<0, \quad 其他 \end{cases} \tag{7.2.10}$$

对于上述理论，$z>0$ 方向指向半无限区域内部，因此求出的特征值必须遵守上传波的定义以符合表面波的特性，这样才能将位移场局限在表面附近。

假定频率 ω 是给定的，那么就确定了 $\tilde{\lambda}_l$，因此位移场就有如下形式：

$$\tilde{u}(r,t) = \sum_G^* e^{i(k+G)x-i\omega t} \left(\sum_{l=1}^{3N} \tilde{A}_G^{(l)} e^{i\lambda_l z} \right) = \sum_G^* e^{i(k+G)x-i\omega t} \left(\sum_{l=1}^{3N} \tilde{X}_l \tilde{\epsilon}_G^{(l)} e^{i\lambda_l z} \right)$$

$$\tag{7.2.11}$$

式中：$\tilde{H}_G^{(l)}$ 为特征值 $\tilde{\lambda}_l$ 对应的单位特征向量；$\tilde{X}_l$ 为相应的加权系数；$*$ 表示倒格矢量只取 N 个。

其次，我们来看波在 $-h \leqslant z \leqslant 0$ 介质中传播的情况，$-h \leqslant z \leqslant 0$ 介质为 A、B 两种材料组成的层状周期结构，A 为散射体，B 为基体。为了简单，假定它们都是立方晶系。

同理，位移为

$$u(r,t) = \sum_G A_G(z) e^{i(k+G)x-i\omega t} e^{i\lambda z} \tag{7.2.12}$$

由 Bloch 定理,有

$$C_{ij} = \sum_G C_G^{ij} e^{iG \cdot x} \tag{7.2.13a}$$

$$\rho = \sum_G \rho_G e^{iG \cdot x} \tag{7.2.13b}$$

把它们代入波动方程:

$$\rho(r)\ddot{u}_t = \partial_j [C_{ijmn}(r)\partial_n u_m] \; ; \; i,j,m,n = x,y,z \tag{7.2.14}$$

得

$$\begin{pmatrix} M_{G,G'}^{(1)} - \lambda^2 N_{G,G'}^{(1)} & L_{G,G'}^{(1)} & \lambda K_{G,G'}^{(1)} \\ L_{G,G'}^{(2)} & M_{G,G'}^{(2)} - \lambda^2 N_{G,G'}^{(2)} & \lambda K_{G,G'}^{(2)} \\ \lambda J_{G,G'}^{(1)} & \lambda J_{G,G'}^{(2)} & M_{G,G'}^{(3)} - \lambda^2 N_{G,G'}^{(3)} \end{pmatrix} \begin{bmatrix} A_{G'}^{(1)} \\ A_{G'}^{(2)} \\ A_{G'}^{(3)} \end{bmatrix} = 0$$

$$\tag{7.2.15}$$

这里的小方块矩阵和式(7.2.5)不太相同(主要是材料常数和密度都有些变化,形式上是一样的):

$$M_{G,G'}^{(1)} = \omega^2 \rho_{G-G'} - (k_1 + G_1)(k_1 + G_1')C_{G-G'}^{11} - (k_2 + G_2)(k_2 + G_2')C_{G-G'}^{44}$$

$$M_{G,G'}^{(2)} = \omega^2 \rho_{G-G'} - (k_2 + G_2)(k_2 + G_2')C_{G-G'}^{11} - (k_1 + G_1)(k_1 + G_1')C_{G-G'}^{44}$$

$$M_{G,G'}^{(3)} = \omega^2 \rho_{G-G'} - (k_1 + G_1)(k_1 + G_1')C_{G-G'}^{44} - (k_2 + G_2)(k_2 + G_2')C_{G-G'}^{44}$$

$$N_{G,G'}^{(i)} = C_{G-G'}^{44} \; , \; i = 1,2$$

$$N_{G,G'}^{(3)} = C_{G-G'}^{11}$$

$$L_{G,G'}^{(1)} = -(k_1 + G_1)(k_2 + G_2')C_{G-G'}^{12} - (k_1 + G_1')(k_2 + G_2)C_{G-G'}^{44}$$

$$L_{G,G'}^{(2)} = -(k_2 + G_2)(k_1 + G_1')C_{G-G'}^{12} - (k_2 + G_2')(k_1 + G_1)C_{G-G'}^{44}$$

$$K_{G,G'}^{(i)} = -(k_i + G_i)C_{G-G'}^{12} - (k_i + G_i')C_{G-G'}^{44} \; , \; i = 1,2$$

$$J_{G,G'}^{(i)} = -(k_i + G_i')C_{G-G'}^{12} - (k_i + G_i)C_{G-G'}^{44} \; , \; i = 1,2$$

假定

$$\begin{cases} A_{G'}^{(i)} = \lambda \tilde{A}_{G'}^{(i)} \; , \; i = 1,2 \\ A_{G'}^{(3)} = \tilde{A}_{G'}^{(3)} \end{cases} \tag{7.2.16}$$

上面的广义特征值方程变为(关于 λ^2)

$$(\lambda^2 P_{G,G'} - Q_{G,G'})\tilde{A}_{G'} = 0 \tag{7.2.17}$$

变换一下得

$$\lambda^2 P_{G,G'}\tilde{A}_{G'} = Q_{G,G'}\tilde{A}_{G'} \tag{7.2.18}$$

其中

$$P_{G,G'} = \begin{bmatrix} N_{G,G'}^{(1)} & 0 & 0 \\ 0 & N_{G,G'}^{(2)} & 0 \\ -J_{G,G'}^{(1)} & -J_{G,G'}^{(2)} & N_{G,G'}^{(3)} \end{bmatrix}, Q_{G,G'} = \begin{bmatrix} M_{G,G'}^{(1)} & L_{G,G'}^{(1)} & K_{G,G'}^{(1)} \\ L_{G,G'}^{(2)} & M_{G,G'}^{(2)} & K_{G,G'}^{(2)} \\ 0 & 0 & M_{G,G'}^{(3)} \end{bmatrix}$$

如果 G,G' 都取 N 个倒格矢量，上述方程给出了 $3N$ 个特征值 $\tilde{\lambda}_l^2 (l=1, 2,\cdots,3N)$，这里与半无限又不同，需要取 $6N$ 个特征值。

假定频率 ω 是给定的，那么就确定了 λ_l，因此位移场就有如下形式：

$$u(r,t) = \sum_G^* e^{i(k+G)x-i\omega t}\left(\sum_{l=1}^{6N} A_G^{(l)}e^{i\lambda_l z}\right) = \sum_G^* e^{i(k+G)x-i\omega t}\left(\sum_{l=1}^{6N} X_l \varepsilon_G^{(l)}e^{i\lambda_l z}\right)$$

$$\tag{7.2.19}$$

式中：$\varepsilon_G^{(l)}$ 为特征值 λ_l 对应的单位特征向量；X_l 为相应的加权系数；$*$ 表示倒格矢量只取 N 个。

对于我们考虑的这样的系统，边界条件如下：

$$T_{i3mn}\big|_{z=-h} = C_{i3mn}\partial_n u_m\big|_{z=-h} = 0 \qquad （自由边界） \tag{7.2.20a}$$

$$T_{i3mn}\big|_{z=0} = C_{i3mn}\partial_n u_m\big|_{z=0} = \tilde{T}_{i3mn}\big|_{z=0} = \tilde{C}_{i3mn}\partial_n \tilde{u}_m\big|_{z=0} \qquad （应力连续）$$

$$\tag{7.2.20b}$$

$$u(r,t)\big|_{z=0} = \tilde{u}(r,t)\big|_{z=0} \qquad （位移连续） \tag{7.2.20c}$$

式(7.2.20a)可以具体写为

$$\begin{cases} H_{1,G}^{(1)}e^{-i\lambda_1 h}X_1 + H_{1,G}^{(2)}e^{-i\lambda_2 h}X_2 + \cdots + H_{1,G}^{(6N)}e^{-i\lambda_{6N}h}X_{6N} = 0 \\ H_{2,G}^{(1)}e^{-i\lambda_1 h}X_1 + H_{2,G}^{(2)}e^{-i\lambda_2 h}X_2 + \cdots + H_{2,G}^{(6N)}e^{-i\lambda_{6N}h}X_{6N} = 0 \\ H_{3,G}^{(1)}e^{-i\lambda_1 h}X_1 + H_{3,G}^{(2)}e^{-i\lambda_2 h}X_2 + \cdots + H_{3,G}^{(6N)}e^{-i\lambda_{6N}h}X_{6N} = 0 \end{cases} \tag{7.2.21}$$

式(7.2.20b)可以具体写为

$$\begin{cases} H_{1,G}^{(1)}X_1 + H_{1,G}^{(2)}X_2 + \cdots + H_{1,G}^{(6N)}X_{6N} - \widetilde{H}_{1,G}^{(1)}\widetilde{X}_1 - \cdots - \widetilde{H}_{1,G}^{(3N)}\widetilde{X}_{3N} = 0 \\ H_{2,G}^{(1)}X_1 + H_{2,G}^{(2)}X_2 + \cdots + H_{2,G}^{(6N)}X_{6N} - \widetilde{H}_{2,G}^{(1)}\widetilde{X}_1 - \cdots - \widetilde{H}_{2,G}^{(3N)}\widetilde{X}_{3N} = 0 \\ H_{3,G}^{(1)}X_1 + H_{3,G}^{(2)}X_2 + \cdots + H_{3,G}^{(6N)}X_{6N} - \widetilde{H}_{3,G}^{(1)}\widetilde{X}_1 - \cdots - \widetilde{H}_{3,G}^{(3N)}\widetilde{X}_{3N} = 0 \end{cases}$$

$$(7.2.22)$$

式(7.2.20c)可以具体写为

$$\varepsilon_G^{(1)}X_1 + \varepsilon_G^{(2)}X_2 + \cdots + \varepsilon_G^{(6N)}X_{6N} - \widetilde{\varepsilon}_G^{(1)}\widetilde{X}_1 - \cdots - \widetilde{\varepsilon}_G^{(3N)}\widetilde{X}_{3N} = 0 \quad (7.2.23)$$

线性方程(7.2.21)、式(7.2.22)和式(7.2.23)可以写成矩阵形式:

$$\begin{bmatrix} H_{1,G}^{(1)}e^{-i\lambda_1 h} & H_{1,G}^{(2)}e^{-i\lambda_2 h} & \cdots & H_{1,G}^{(6N)}e^{-i\lambda_{6N} h} & 0 & 0 & \cdots & 0 \\ H_{2,G}^{(1)}e^{-i\lambda_1 h} & H_{2,G}^{(2)}e^{-i\lambda_2 h} & \cdots & H_{2,G}^{(6N)}e^{-i\lambda_{6N} h} & 0 & 0 & \cdots & 0 \\ H_{3,G}^{(1)}e^{-i\lambda_1 h} & H_{3,G}^{(2)}e^{-i\lambda_2 h} & \cdots & H_{3,G}^{(6N)}e^{-i\lambda_{6N} h} & 0 & 0 & \cdots & 0 \\ H_{1,G}^{(1)} & H_{1,G}^{(2)} & \cdots & H_{1,G}^{(6N)} & -\widetilde{H}_{1,G}^{(1)} & -\widetilde{H}_{1,G}^{(2)} & \cdots & -\widetilde{H}_{1,G}^{(3N)} \\ H_{2,G}^{(1)} & H_{2,G}^{(2)} & \cdots & H_{2,G}^{(6N)} & -\widetilde{H}_{2,G}^{(1)} & -\widetilde{H}_{2,G}^{(2)} & \cdots & -\widetilde{H}_{2,G}^{(3N)} \\ H_{3,G}^{(1)} & H_{3,G}^{(2)} & \cdots & H_{3,G}^{(6N)} & -\widetilde{H}_{3,G}^{(1)} & -\widetilde{H}_{3,G}^{(2)} & \cdots & -\widetilde{H}_{3,G}^{(3N)} \\ \varepsilon_G^{(1)} & \varepsilon_G^{(2)} & \cdots & \varepsilon_G^{(6N)} & -\widetilde{\varepsilon}_G^{(1)} & -\widetilde{\varepsilon}_G^{(2)} & \cdots & -\widetilde{\varepsilon}_G^{(3N)} \end{bmatrix}$$

$$\begin{bmatrix} X_1 \\ X_2 \\ \vdots \\ X_{6N} \\ \widetilde{X}_1 \\ \widetilde{X}_2 \\ \vdots \\ \widetilde{X}_{3N} \end{bmatrix} = \dot{H}\dot{X} = 0 \qquad (7.2.24)$$

其中,$\dot{H}$ 为 $9N \times 9N$ 阶矩阵,并且分块矩阵如下:

$$H_{1,G}^{(l)} = C_{G-G'}^{44} \left[(k_1 + G'_1) \varepsilon_G^{3(l)} + \lambda_l \varepsilon_G^{1(l)} \right]$$

$$H_{2,G}^{(l)} = C_{G-G'}^{44} \left[(k_2 + G'_2) \varepsilon_G^{3(l)} + \lambda_l \varepsilon_G^{2(l)} \right], l = 1, 2, \cdots, 6N \qquad (*)$$

$$H_{3,G}^{(l)} = \{ C_{G-G'}^{11} \lambda_l \varepsilon_G^{3(l)} + C_{G-G'}^{12} \left[(k_1 + G'_1) \varepsilon_G^{1(l)'} + (k_2 + G'_2) \varepsilon_G^{2(l)'} \right] \}$$

$$\widetilde{H}_{1,G}^{(l)} = C_{G-G'}^{44} \left[(k_1 + G'_1) \widetilde{\varepsilon}_G^{3(l)'} + \widetilde{\lambda}_l \widetilde{\varepsilon}_G^{1(l)} \right]$$

$$\widetilde{H}_{2,G}^{(l)} = C_{G-G'}^{44} \left[(k_2 + G'_2) \widetilde{\varepsilon}_G^{3(l)'} + \widetilde{\lambda}_l \widetilde{\varepsilon}_G^{2(l)} \right], l = 1, 2, \cdots, 3N \qquad (**)$$

$$\widetilde{H}_{3,G}^{(l)} = \{ C_{G-G'}^{11} \widetilde{\lambda}_l \widetilde{\varepsilon}_G^{3(l)'} + C_{G-G'}^{12} \left[(k_1 + G'_1) \widetilde{\varepsilon}_G^{1(l)'} + (k_2 + G'_2) \widetilde{\varepsilon}_G^{2(l)'} \right] \}$$

最后说明一下，上面分块矩阵（＊）里面 C_{ij} 有 C_A^{11}、C_A^{12}、C_A^{44} 与 C_B^{11}、C_B^{12}、C_B^{44}，（＊＊）里面只有 C_B^{11}、C_B^{12}、C_B^{44}，并且与 第一节存在如下关系：

$$\lambda = C_{12}, \quad \mu = \frac{(C_{11} - C_{12})}{2}$$

由于上述线性方程组存在非零解（即 $\dot{X}$ 不可能全部为零），所以系数行列式必须为零，因此上式给定了波矢和频率的关系，这就是色散关系。因此只要波矢 $\boldsymbol{k}$ 扫过第一 Brillouin 区就可以得到整个系统的色散关系，并且可以看出带隙出现的位置和宽度。

为了表明弹性波在本结构中的能带结构，用钢作为散射体、硅作为基体和基底材料，计算中用到的密度和材料常数如下：钢的密度为 $\rho = 7800 \mathrm{kg/m}^3$，独立的弹性常数为 $c_{11} = 280 \mathrm{Gpa}, c_{44} = 83.1 \mathrm{Gpa}$，而硅的密度为 $\rho = 2334 \mathrm{kg/m}^3$，独立的弹性常数为 $c_{11} = 165.7 \mathrm{GPa}, c_{12} = 63.9 \mathrm{GPa}, c_{44} = 79.56 \mathrm{GPa}$。采用的平面波数目为 25。包含上面的组成成分的色散曲线如图 7.2 所示，通过观察图 7.2(a) 在填充率为 $F = 0.442$ 时能发现存在一条带隙处于标准频率 $1.63 \sim 1.77$ 范围。这条带隙的宽度（$\Delta \omega$）约是 0.14，并且相应的带隙宽度与中心频率的比值约是 0.082。而图 7.2(b) 呈现了当填充率为 $F = 0.503$ 时的色散曲线，很明显这条带的宽度约为 0.18，并且相应的带隙宽度与中心频率的比值约是 0.11。我们还能发现本结构色散曲线的标准频率边缘随着填充率为 F 的增大而增大。

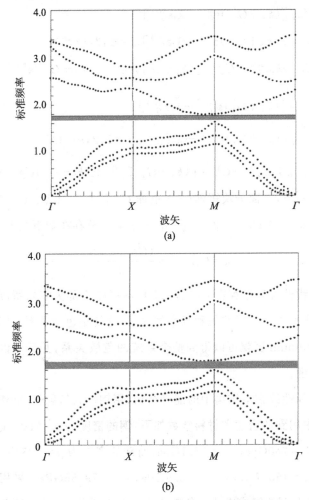

图 7.2 本结构在 $h=0.5$mm 和 $a=2$mm 时的色散关系

(a)$F=0.442$;(b)$F=0.503$。

　　在图 7.3 中,给出了本结构色散曲线与比值 h/a 和填充率 F 的关系图。我们发现当 h/a 很大时,带宽也会增大。在图 7.3(a)中,带隙处于 1.68~1.92 范围,并且相应的带隙宽度与中心频率的比值约是 0.133。在图 7.3(b)中,带隙处于 1.99~2.37 范围,并且相应的带隙宽度与中心频率的比值约是 0.174。对于填充率相同时,对比图 7.2(a)与图 7.3(b),发现带隙很不同,这主要是 h/a 不同的缘故,更加说明的 h/a 是影响带隙位置和宽度的重要参量。

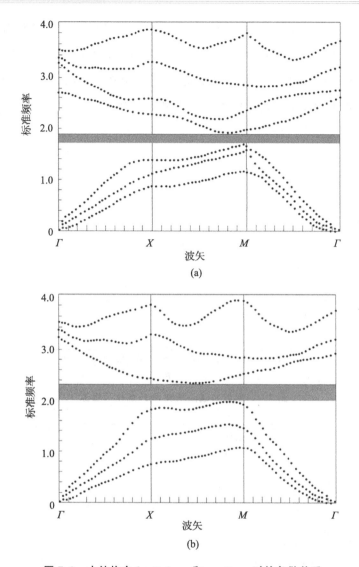

图 7.3　本结构在 $h=1.0\mathrm{mm}$ 和 $a=2\mathrm{mm}$ 时的色散关系

(a)$F=0.196$；(b)$F=0.442$。

　　由此可见，填充率 F、h/a 是影响带隙位置、宽度的两个关键的参数。我们还给出了第一带隙宽度与填充率 F、h/a 的关系图。如图 7.4 所示，我们能发现带隙宽度逐渐增大，并且在区间 $0.55<F<0.65$ 达到最大值，然后慢慢减小。

最大值约是 $0.46(h/a=0.5)$, $0.22(h/a=0.25)$。从图 7.5 可以看出,我们发现带宽逐渐增大,但是在区间 $0<h/a<0.1$ 里面,带宽几乎为零。这些结果显示当基底材料和基体材料比散射体材料软时,将会产生带隙。但是当基底很薄时,由于弹性波被局限在软材料中,几乎不产生带隙。

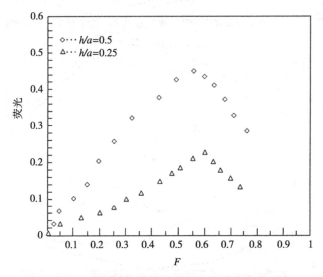

图 7.4　色散曲线随填充率 F 变化示意图

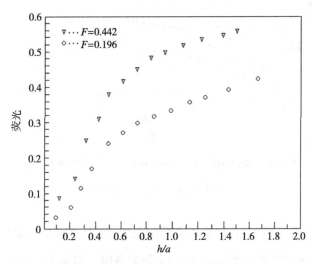

图 7.5　色散曲线随比值 h/a 变化示意图

参考文献

[1] Shechtman D, Blech I, Gratias D, et al. Metallic phase with long-range orientational order and no translational symmetry[J]. Phys. Rev. Lett. ,1984,53:1951-1953.

[2] Zhang Z, Ye H Q, Kuo K H. A new icosahedral phason with $m\bar{3}\bar{5}$ symmetry [J]. Phiosophical Magazine A,1985,52(6):49-52.

[3] Bendersky L. Quasicrystal with one-dimensional translational symmetry and a tenfold rotation axis[J]. Phys. Rev. Lett. ,1985,55:1461-1463.

[4] Ishimasa T, Nissen H U, Fukano. New ordered state between crystalline and amorphous in Ni-Cr particles[J]. Phys. Rev. Lett. ,1985,55:511-513.

[5] Wang N, Chen H, Kuo K H. Two-dimensional quasicrystal with eightfold rotational symmetry[J]. Phys. Rev. Lett. ,1987,59:1010-1013.

[6] Feng Y C, Lu G, Withers R L. An incommensurate structure with cubic point group symmetry in rapidly solidified V-Ni-Si alloy[J]. Phys:Condens. Matter,1989,1:3695-3700.

[7] Feng Y C, Lu G, et al. Experimental evidence for and a projection model of a cubic quasicrystal[J]. Phys:Condens. Matter,1990,2:9749-9755.

[8] Divicenzo D, Steinhardt P J. Quasicrystals:the state of the art[M]. Singapore:World Scientific,1991.

[9] Janot C. The structure of quasicrystals[J]. Non-Crystal Solids,1993,156-158:852-864.

[10] Ohashi W, Spaepen F. Stable Ga-Mg-Zn quasi-periodic crystals with pentagonal dodecahedral solidification morphology[J]. Nature,1987,330:555-556.

[11] Tsai A P, Inoue A, Masumoto T. New stable quasicrystals in Al-Cu-M(M＝V, Cr, or Fe) system[J]. Mat. Trans. JIM,1988,29:521-524.

[12] Luca B, Paul J S, Yao N, et al. Natural Quasicrystals[J]. Science, 2009, 324: 1306-1309.

[13] Steffen F, Alexander E, Kathrin Z, et al. Colloidal quasicrystals with 12-fold and 18-fold diffraction symmetry[J]. P. Natl. Acad. Sci. , 2011, 108(5): 1810-1814.

[14] Zhang Z, Ye H Q and Kuo K H. A new icosahedral phase with m$\overline{3}\overline{5}$ symmetry [J]. Phil. Mag. A 1985, 52: L49-52.

[15] Feng G G, Yang C Y, Zhou Y Q, et al. Icosahedral related decogonal quasicrystal in rapidly cooled, Al-14-at. 09. -Fe alloy[J]. Phys. Rev. Lett. , 1986, 56: 2060-2063.

[16] Chen H, Li X Z, Zhang Z, et al. One-dimensional quasicrystals with twolvefold rotational symmetry[J]. Phys. Rev. Lett. , 1998, 60: 1645-1648.

[17] Feng D, et al. Research on quasi-periodic super lattice[J]. Mater. Sci. Forum. , 1987, 22-24: 489-498.

[18] He L X, Li X Z, Zhang Z, et al. One-dimensional quasicrystal in rapidly solidified alloys [J]. Phys. Rev. Lett. , 1988, 61: 1116-1118.

[19] Yang W G, Wang R, Gui J. Some new stable one-dimensional quasicrystal in Al65Cu20Fe10Mn5 alloy[J]. Phil. Mag. Lett. , 1996, 74: 357-366.

[20] Fan T Y. Mathematical Theory of Elasticity of Quasicrystals and Its Applications [J]. Heideberg: Springer-Verlag, 2010.

[21] Kushwaha M S, Halevi P, Martinez G, et al. Theory of acoustic band structure of periodic elastic composites[J]. Phys. Rev. , 1994, B49: 2313-2321.

[22] Economou E M, Sigalas M, Stop bands for elastic waves in periodic composite materials [J]. Acoust. Soc. Am. , 1994, 95: 1734-1740.

[23] Sigalas M M, Economou E N. Elastic and acoustic wave band structure. Sound and vibration, 1992, 158: 377-382.

[24] Bak P. Phenomenological theory of icosahedron incommensurate (quasiperiodic) order in Mn-Al alloys[J]. Phys. Rev. Lett. , 1985, 54: 1517-1519.

[25] Bak P. Symmetry, Stability, and elastic properties of icosahedral incommensurate crystals [J]. Phys. Rev. B, 1985, 32: 5764-5772.

[26] Levine D, Lubensky T C, Ostlund S, et al. Elasticity and dislocations in pentagonal and icosahedral quasicrystals[J]. Phys. Rev. Lett. , 1985, 54: 1520-1523.

［27］Lubensky T C, et al. Hydrodynamics of icosahedral quasicrystals[J]. Phys. Rev. B, 1985, 32: 7444-7452.

［28］Mermin N D, Troian S M. Mean-Field Theory of Quasicrystalline Order[J]. Phys. Rev. Lett. , 1985, 54: 1524-1527.

［29］Jaric M V. Long-Range Icosahedral Orientational Order and Quasicrystals[J]. Phys. Rev. Lett. , 1985, 55: 607-610.

［30］Duneau M, Katz A. Quasiperiodic Patterns[J]. Phys. Rev. Lett. , 1985, 54: 2688-2691.

［31］Socolar E, Steinhardt J P. Quasicrystals. II. Unit-cell configurations［J］. Phys. Rev. B, 1986, 34: 617-647.

［32］Gahler F, Rhyner J. Equivalence of the generalised grid and projection methods for the construction of quasiperiodic tilings[J]. Phys. A: Math. Gen. , 1986(19): 267-277.

［33］Lubensky T C, Ramaswamy S, Toner J. Dislocation motion in quasicrystals and implications for macroscopic properties[J]. Phys. Rev. B, 1986, 33: 7715-7719.

［34］Lubensky T C, Socolar J E S, Steinhardt P J. Distortion and peak broadening in quasicrystals diffraction patterns[J]. Phys. Rev. Lett. , 1986, 57: 1440-1443.

［35］Horn P M, Melzfeldt W, Di Vincenzo D P. Systematics of disorder in quasiperiodic material[J]. Phys. Rev. Lett. , 1986, 57: 1444-1447.

［36］Hu C Z, Wang R H, Ding D H. Symmetry group, physical property tensors, elasticity and dislocations in quasicrystals[J]. Rep. Prog. Phys. , 2000, 63(1): 1-39.

［37］范天佑. 固体与软物质准晶数学弹性与相关理论及应用[M]. 北京: 北京理工大学出版社, 2014.

［38］陈纲, 廖理几. 晶体物理学基础[M]. 北京: 科学出版社, 2007.

［39］Janssen T. The symmetry operations for n-dimensional periodic and quasi-periodic structures[J]. Z. Kristallogr, 1992, 198: 17-32.

［40］Ishii Y. Phason softing and structure transitions in icosahedral quasicrystals[J]. Phys. Rev. B, 1992, 45: 5228-5239.

［41］胡承正, 杨文革, 王仁卉, 等. 准晶的对称性和物理性质[J]. 物理学进展, 1997, 17: 345-376.

［42］Wang Ren-Hui, Yang wen-ge, Hu Cheng-zheng, et al. Point and space groups and elastic behaviours of one-dimensional quasicrystals［J］. Phys：condens. matter，1997，9：2411-2422.

［43］Yang W G,Ding D H,Hu C Z,et al. Group-theoretical derivation of the numbers of independent physical constants of quasicrystals[J]. Phys. Rev. B,1994,49:12656-12661.

［44］Yang W G,Ding D H,Hu C Z,et al. Difference in elastic behavior between pentagonal and decagonal quasicrystals[J]. Phys. Rev. B,1995,51:3906-3909.

［45］Hu C Z,Wang R H,Yang W G,et al. Point groups and elastic properties of two-dimensional quasicrystals[J]. Act Cryst. A,1996,52:251-256.

［46］丁棣华,杨文革,胡承正. 二十面体准晶的不变量和弹性性质[J]. 武汉大学学报(自然科学版),1992,3:23-30.

［47］胡承正,丁棣华,杨文革. 五次八次十次和十二次对称准晶的弹性性质[J]. 武汉大学学报(自然科学版),1993,3:21-28.

［48］Yang W G,Ding D H,Wang R H,et al. Thermodynamics of equilibrium properties of quasicrystals[J]. Z. Phys. B,1996,100:447-454.

［49］Hu C Z,Ding D H,Yang W G,et al. Possible two-dimensional quasicrystal structures with a six-dimensional embedding space[J]. Phys. Rev. B,1994,49:9423-9427.

［50］Jiang Y J,Liao L J,Chen G,et al. The elastic susceptibility, piezoelectric, photoelastic, Brillanin and Raman tensors for point groups with twelvefold rotation axes［J］. Acta Crystal. A,1992,48:310-312.

［51］Jiang Y J,Liao L J,Chen G. The piezoelectric, elastic, photoelastic and Brillanin tensors for point groups with fivefold rotation axes[J]. Acta Crystal. A,1990,46:772-776.

［52］Tanaka K,Mitarai Y,Koiwa M. Elastic constans of Al-based icosahedral quasicrystals [J]. Phil. Mag. A,1996,73:1715-1723.

［53］Vanderwal J J,Zhao P,Walton D. Brillourin scattering from the icosahedral quasicrystal $Al_{63.5}Cu_{24.5}Fe_{12}$[J]. Phys. Rev. B,1992,46:501-502.

［54］Kono K. Third sound propagation in quasicrystals[J]. Physica B,1996,219-220:332-335.

［55］Boissieu M,Boundard M,Hennion B,et al. Diffuse scattering phason elasticity in AlPd Mn icosahedral phase[J]. Phys. Rev. Lett. ,1995,75:89-92.

［56］Boundard M,de Boissieu M,Letoublon A,et al. Phason softening in the Al Pd Mn icosahedral phase[J]. Europhys. Lett. ,1996,33:199-204.

[57] Chernikov M A,Ott H R,Bianchi A,et al. Elastic Moduli of a Single Quasicrystal of Decagonal Al-Ni-Co:Evidence for Transverse Elastic Isotropy[J]. Phys. Rev. Lett. ,1998,80 321-324.

[58] Jeong H C, Steinhardt P J. Finite-temperature elasticity phase transition in decagonal quasicrystals[J]. Phys. Rev. B,1993,48:9394-9403.

[59] Walz C. 2003 Zur Hydrodynamik in Quasikristallen,Diplomarbeit,Universitaet Stuttgart

[60] Chernikov M A, Bianchi A, Ott H R. Low-temperature thermal conductivity of icosahedral Al70Mn9Pd21[J]. Phys. Rev. B,1995,51:153-158.

[61] Amazit Y,de Boissieu M,Zarembowitch A. Evidences for elastic isotropy and ultrasonic-attenuation anisotropy in Al-Mn-Pd quasi-crystals [J]. Europhys. Lett. , 1992, 20: 703-706.

[62] Newman M E,Henley C L. Phason elasticity of a three-dimensional quasicrystal:A transfer-matrix method[J]. Phys. Rev. B,1995,52:6386-6399.

[63] Capitan M J,Calvayrac Y,Quivy A,et al. X-ray diffuse scattering from icosahedral Al-Pd-Mn quasicrystals[J]. Phys. Rev. B,1999,60:6398-6404.

[64] Zhu W J, Henley C L. Phonon-phason coupling in icosahedral quasicrystals [J]. Europhys. Lett. ,1999,46:748-754.

[65] Edagawa K,Takeuchi S. Elasticity, dislocations and their motion in quasicrystals [J]. Chapter,2007,76:367-417.

[66] Edagawa K. Phonon-phason coupling in decagonal quasicrystals[J]. Phil. Mag. ,2007,87: 2789-2798.

[67] Edagawa K,Giso Y. Experimental evaluation of phonon-phason coupling in icosahedral quasicrystals[J]. Phil. Mag. ,2007,87:77-95.

[68] Meng X M,Tong B Y,Wu Y K. Mechanical properties of quasicrystal $Al_{65}Cu_{20}Co_{15}$ [J]. Acta Metallurgica Sinica,1994,30(2):61-64 (in Chinese).

[69] Takeuchi S,Iwanhaga H,Shibuya T. Hardness of quasicrystals[J]. Japanese J. Appl. Phys. , 1991,30(3),561-562.

[70] Muskhelishvili N I. Some Basic Problems of Mathematical Theory of Elasticity. Noordhoff,Groningen,1963.

［71］England A H. Complex Variable Methods in Elasticity［M］. New Tork：Dover Publications，2003.

［72］路见可. 平面弹性复变方法［M］. 第 3 版. 武汉：武汉大学出版社，2006.

［73］路见可，蔡海涛. 平面弹性理论的周期问题［M］. 武汉：武汉大学出版社，2008.

［74］De P，Pecovits R A. Linear elasticity theory of pentagonal quasicrystals［J］. Phys. Rev. B，1987，35：8609-8619.

［75］De P，Pecovits R A. Declinations in pentagonal quasicrystals［J］. Phys. Rev. B，1987，36：9304-9307.

［76］Zhang Z，Urban K. Transmission electron microscope observations of dislocations and stacking faults in a decagonal Al-Cu-Co alloy［J］. Phil. Mag. Lett. ，1989，60：97-102.

［77］Devaud-Rzepski J，Cornier-Quiquandon M，Gratias D. Proc. of the Third Int. Conf. on Quasicrystals and Incommensurate Structures［C］. Vista Hermoza，Mexico：World scientific，1989：498.

［78］Ebalard S，Spanapen F. The body-centered-cubic-type icosahedral reciprocal lattice of the Al-Cu-Fe quasiperiodic crystal［J］. Mater. Res. ，1989，4：39-43.

［79］Wollgarten M，Rosenfeld R，Feuerbacher M，et al. Proc. of the 5th Int. Conf. on Quasicrystals［C］. Singapore：World Scientific，1995：279-286.

［80］Wang Z G，Wang R，Deng W F. Transmission-electron-microscopy studies of small dislocation loops in Al76Si4Mn20 icosahedral phase ［J］. Phys. Rev. Lett. ，1991，66：2124-2127.

［81］Gastaldi J，Reinier E，Jourden C，et al. Loop and band-shaped defects observed in quasicrystals by X-ray topography［J］. Phil. Mag. Lett. ，1995，72：311-321.

［82］Dai M X，Wang R，Gui J，et al. Transmission electron microscopic analysis of stacking faults in a decagonal Al-Co-Ni alloy［J］. Phil. Mag. Lett. ，1991，64：21-27.

［83］Shield J E，Kramer M J. Deformation-induced planar defects in Al-Cu-Fe quasicrystals ［J］. Mater. Res. ，1997，12：300-303.

［84］Zhang H，Zhang Z，Urban K. A study of dislocations in $Al_{62}Cu_{20}Co_{15}Si_3$ decagonal quasicrystals by means of high-resolution electron microscopy［J］. Phil. Mag. Lett. ，1994，70：41-45.

[85] Wang R,Yan Y F,Kuo K H. High-temperature deformation-induced defects and Burgers vector determination of dislocations in the Al70Co15Ni15 decagonal quasicrystal[J]. J. of non-cryst. Solids,1993,153-154:103-107.

[86] Shield J E,Kramer M J. Deformation twinning in a face-centre icosahedral Al-Cu-Fe quasicrystal. Phil[J]. Mag. Lett. ,1994,69:115-121.

[87] Mandal R K,Lele S,Rangarathan S. Twinning of quasicrystals and related structures [J]. Phil. Mag. Lett. ,1993,67:301-305.

[88] Balue N,Yu D P,Kleman M. Transmission electron microscopy analysis planar and line defects in a quasicrystals by X-ray topography[J]. Phil. Mag. Lett. ,1995,72:311-321.

[89] Wollgarten M,Gratias D,Zhang Z,et al. On the determination of the Burgers vector of quasicrystal dislocations by transmission electron microscopy[J]. Phil. Mag. A,1991,64: 819-833.

[90] Dai M X. Edge dislocations in icosahedral Al-Pd-Mn alloys[J]. Phil. Mag. A,1993,67: 789-796.

[91] Wang Z G,Wang R. Computer simulation of diffraction contrast images of small dislocation loops in icosahedral quasicrystals[J]. Phys. :Condens. Matter,1993,5:2935-2946.

[92] Ovid'ko I A. Plastic deformation and dacay of dislocation in quasi-crystals[J]. Mater Sci. Eng. A,1992,154:29-33.

[93] Jeong H C,Steindardt P J. Finite-temperature elasticity phase in decagonal quasicrystlas [J]. Phys. Rev. B,1993,48:9394-9403.

[94] Ding L H,Wang R H,Hu C,et al. Generalized elasticity theory of quasicrystals [J]. Phys. Rev. B,1993,48(10):7003-7010.

[95] Eshelby J D,Readand W T,Shcckley W. Anisotropic elasticity with applications to dislocation tbeory[J]. Acta Metallurgica,1953,1:251-259.

[96] Stroh A N. Dislocations and cracks in anisotropic elasticity[J]. Phil. Mag. ,1958,3(30): 625-646.

[97] Fan T Y,Guo Y C. Mathematical methods for a class of mixed boundary-value problem of planar pentagonal quasicrystal and some solution[J]. Science in China,1997,40(9): 990-1003.

［98］Fan T Y，Mai Y W. Elasticity theory，fracture mechanics，and some relevant thermal properties of quasi-crystalline materials［J］. Applied Mechanics Review，2004，57（5）：325-343.

［99］Li X F，Fan T Y. New method for solving elasticity problems of some planar quasicrystals and solutions［J］. Chin. Phys. Lett. ，1998，15（4）：278-280.

［100］范天佑. 准晶数学弹性力学和缺陷力学［J］. 力学进展，2000，30（2）：161-174.

［101］Li X F，Fan T Y，Sun Y F. A decagonal quasicrystal with a Griffith crack［J］. Phil. Mag. A，1999，79（8）：1943-1952.

［102］Zhou W M，Fan T Y. Plane elasticity problem of two-dimensional octagonal quasicrystals and crack problem［J］. Chin. Phys. ，2001，10（8）：743-747.

［103］周旺民. 准晶弹性理论中的某些缺陷问题及接触问题的分析解［D］. 北京：北京理工大学，2000.

［104］Liu G T，Fan T Y，Guo R P. Governing equations and general solutions of plane elasticity of one-dimensional quasicrystals［J］. Int. J. Solids and Structures，2004，41（14）：3949-3959.

［105］Liu G T，Guo R P，Fan T Y. On the interaction between dislocations and cracks in one-dimensional hexagonal quasicrystals［J］. Chin. Phys. ，2003，12（10）：1149-1155.

［106］Zhou W M，Fan T Y. Axisymmetric elasticity problem of cubic quasicrystal［J］. Chin. Phys. ，2000，9（4）：294-303.

［107］Peng Y Z，Fan T Y，Jiang F R，et al. Perturbative method for solving elastic problems of one-dimensional hexagonal quasicrystals［J］. Phys. ：Condens. Matter，2001，13（18）：4123-4128.

［108］Fan T Y，Guo L H. The final governing equation and fundamental solution of plane elasticity of icosahedral quasicrystals［J］. Phys. Lett. A，2005，341（1-4）：235-239.

［109］Liu G T，Fan T Y. The complex method of the plane elasticity in two-dimensional quasicrystal with point group 10mm tenfold rotational symmetry［J］. Science in China E，2003，46（3）：326-336.

［110］Li L H，Fan T Y. Complex variable function method for solving notch problem of point group 10 two-dimensional quasicrystal based on the stress potential function［J］. Phys. ：

Condens. Matter,2006,18(47):10631-10641.

[111] 李联和,范天佑. 二十面体准晶平面弹性的复变函数方法及其椭圆缺口问题[J]. 中国科学 G 辑:物理学、力学、天文学,2008,38(1):20-26.

[112] Fan T Y, Trebin H-R, Messerschmidt U , et al. Plastic flow coupled with a crack in some one-and two-dimensional quasicrystals [J]. Phys. : Condens. Matter, 2004, 16: 5229-5240.

[113] Fan T Y,Fan L. Plastic fracture of quasicrystals[J]. Phil. Magazine,2008,88:523-525.

[114] 吴祥法,范天佑,安冬梅. 用路径守恒积分计算平面准晶裂纹扩展的能量释放率[J]. 计算力学学报,2000,17(1):35-42.

[115] Guo L H,Fan T Y. Solvability on boundary-value problems of elasticity of three-dimensional quasicrystals[J]. Applied Mathematics and Mechanics(English Edition),2007,28(8):1061-1070.

[116] Yang W G,Feuerbacher M,Tamura N,et al. Atomic model of dislocation in Al-Pd-Mn icosahedral quasicrystals[J]. Phil. Mag. A,1998,77:1481-1497.

[117] Wang X. Green functions for a decagonal quasicrystalline material with parabolic boundary[J]. Acta Mechanica Solida Sinica,2005,18:57-62.

[118] 王旭,仲政. 十次对称准晶仲的圆弧形裂纹[J]. 固体力学,2003,24:125-135.

[119] Wang X,Zhang J Q. A steady line heat source in a decagonal quasicrystalline half-space [J]. Mechanics Research Communications,2005,32(4):420-428.

[120] Chen W Q, Ma Y L, Ding H J. On three-dimensional elastic problems of one-dimensional hexagonal quasicrystal bodies [J]. Mechanics Research Communications, 2004,31(6):633-641.

[121] Gao Y,Xu S P,Zhao B S. Boundary conditions for plate bending in one-dimensional hexagonal quasicrystals[J]. Journal of Elasticity,2007,86(3):221-233.

[122] Gao Y,Zhao Y T,Zhao B S. Boundary value problems of holomorphic vector functions in one-dimensional hexagonal quasicrystals[J]. Physica B,2007,394(1):56-61.

[123] Gao Y,Zhao B S. A general treatment of three-dimensional elasticity of quasicrystals by an operator method[J]. Phys. Status Solid(b),2006,243(15):4007-4019.

[124] Gao Y,Xu S P,Zhao B S. Stress and mixed boundary conditions for two-dimensional

dodecagonal quasi-crystal plates[J]. Pramana,Journal of Physics,2007,68(5):803-817.

[125] Dugdale D S. Yielding of steel sheets containing slits[J]. Journal of the Mechanics and Physics of Solids,1960,8:100-104.

[126] Li X Y,Chen W Q,Wang H Y,et al. Crack tip plasticity of a penny-shaped Dugdale crack in a power-law graded elastic infinite medium[J]. Eng. Fract. Mech,2012,88:1.

[127] Li X Y,Gu S T,He Q C,et al. Penny-shaped Dugdale crack in a transversely isotropic medium and under axisymmetric loading[J]. Math. Mech. Solids,2013,18:246.

[128] Li W,Xie L Y. A Dugdale – Barenblatt model for a strip with a semi-infinite crack embedded in decagonal quasicrystals[J]. Chin. Phys. B,2013,22:036201.

[129] Xie L Y,Fan T Y. The Dugdale model for a semi-infinite crack in a strip of two-dimensional decagonal quasicrystals[J]. Math. Phys. ,2011,52:053512.

[130] Economou E M,Sigalas M. Stop bands for elastic waves in periodic composite materials [J]. Acoust. Soc. Am. ,1994,95:1734-1740.

[131] Kushwaha M S,Halevi P,Martinez G,et al. Theory of acoustic band structure of periodic elastic composites[J]. Phys. Rev. ,1994,49:2313-2321.

[132] Sigalas M M,Economou E N. Elastic and acoustic wave band structure[J]. Sound and vibration,1992,158:377-382.

[133] Montero F R,Espinosa de,Jimenez E,et al. Ultrasonic band gap in a periodic two-dimensional composite[J]. Phys. Rev. Lett. ,1998,80:1208-1211.

[134] Kushwaha M S,Halevi P. Band-gap engineering in periodic elastic composites [J]. Appl. Phys. Lett. ,1994,64:1085-1087.

[135] Sigalas M,Economou EN. Band structure of elastic waves in two-dimensional systems [J]. Solid State Communications,1993,86:141-143.

[136] Vasseur P A. Deymier G. Frantziskonis,et al. ,Experiment evidence for the existence of absolute acoustic band gaps in two-dimensional periodic composite media[J]. Phys. : Condens. Matter,1998,10:6051-6064.

[137] Kushwaha M S,Halevi P,Djafari-Rouhani B,et al. Acoustic band structure of periodic elastic composite[J]. Phys Rev. Lett. ,1993,71:2022-2025.

[138] Vasseur J O,Deymier P A,Chenni B,et al. Experimental and theoretical evidence for the

existence of absolute acoustic band gaps in two-dimensional solid phononic crystals [J]. Phys. Rev. Lett. ,2001,86:3021-3024.

[139] Vasseur O, Djafari-Rouhani B, Dobrzynski L, et al. Acoustic band gaps in fiber composite materials of nitride structure[J]. Phys:Condens. Matter,1997,6:7327-7341.

[140] Vasseur J O, Djafari-Rouhani B, Dobrzynski L, et al. Complete acoustic band gaps in periodic fiber reinforced composite materials: the carbon/epoxy composite and some metallic systems[J]. Phys:Condens Matter,1994,6:8759-8770.

[141] Kushwaha M S, Djafari-Rouhani B. Giant sonic bands in two-dimensional periodic system of fluids[J]. App. Phys. ,1998,84:4677-4683.

[142] Kushwaha M S,Halevi P. Giant acoustic stop bands in two-dimensional periodic arrays of liquid cylinders[J]. Appl. Phys. Lett. ,1996,69:31-34.

[143] Zhen Ye,Emile Hoskinson. Band gaps and localization in acoustic propagation in water with air cylinders[J]. Appl. Phys. Lett. ,2000,77:4428-4430.

[144] Lambin P,Khelif A,Dobraynski L,et al. Stopping of acoustic waves by sonic polymer-fluid composites[J]. Phys. Rev. ,2001,63E:066605-066610.

[145] Martinez-Sala R, Sancho J, Sanchez J V, et al. Sound attenuation by sculpture [J]. Nature,1995,378:241.

[146] Caballero D, S-Dehasa J, Rubio C, et al, Large two-dimensional sonic band gaps [J]. Phys. Rev. ,1999,60E:R6316-6319.

[147] Kushwaha M S. Stop-bands periodic metallic rods:sculptures that can filter the noise [J]. Appl. Phys. Lett. ,1997,70:3218-3220.

[148] Sanchez-perez J V, Caballero D, Martinz-Sala R, et al. Sound Attenuation by a two-dimensional array ofrigid cylinders[J]. Phys. Rev. Lett. ,1998,80:5325-5328.

[149] Sigalas M M,Economou E M. Attenuation of multiple-scattered sound. Europhys [J]. Lett. ,1996,36 :241-246.

[150] Tanaka Y,Shin-ichiro Tamura. Acoustic stop bands of surface and bulk modes in two-dimensional phononic lattices consisting of aluminum and a polymer[J]. Phys. Rev. , 1999,1360:13294-13297.

[151] Sigalas M M, Garcia N. Importance of coupling between longitudinal and transverse

components for the creation of acoustic band gaps:The aluminum in mercury case [J]. Appl. Phys. Lett. ,2000,76:2307-2309.

[152] Garcia-Pablos D,Sigalas M,Momtero de Espinosa F R,et al,Theory and experiment on elastic band gaps[J]. Phys. Rev. Lett. ,2000,84:4349-4353.

[153] Tanaka Y,Tomoyasu Y,S-ichiro Tamura. Band structure of acoustic waves in phononic lattices:Two-dimensional composites with large acoustic mismatch[J]. Phys. Rev. , 2000,1362:7387-7392.

[154] Economou E N,Sigalas M M. Stop bands for elastic waves in periodic composite materials. Acoust[J]. Soc Am. ,1994,95:1734-1737.

[155] Kafesaki M,Sigalas M M,Economou E N. Elastic wave band gaps in 3-D periodic polymer matrix composites[J]. Solid State Commun. ,1995,96:285-289.

[156] Sigalas M M,Garcia N. Theoretical study of three dimensional elastic band gaps with the finite-difference tome-domain method[J]. Appl. Phys. ,2000,87:3122-3125.

[157] Psarobas E,Stefanou N. Scattering of elastic waves by periodic arrays of spherical bodies [J]. Phys. Rev. ,2000,62:278-291.

[158] Liu Zhengyou,Zhang Xingiang,Mao Ywei,et al. Locally resonant sonic materials [J]. Science,2000,289:1734-1736.

[159] Liu Zhengyou,Chan C T,Sheng Ping,et al,Elastic wave scatteringexperiment [J]. Physperiodic structures of spherical objects,2000,62:2446-2447.

[160] Kushwaha M S,Djafari-Rouhani B,Dobrzynski L,et al,Sonic stop bands for cubic arrays of rigid inclusions in air[J]. Eur. Phys. ,1998,3:155-161.

[161] Zhen Ye,Alberto Alvarez. Acoustic localization in bubbly liquid media[J]. Plays. Rev. Lett. , 1998,80:3503-3506.

[162] Psarobas E. Viscoelastic response of sonic band-gap materials[J]. Phys. Rev. , 2001, 64: 012303-012306.

[163] Kushwaha M S,Halevi P. Stop bands for cubic arrays of spherical balloons[J]. Acoustic. Soc. Am. , 1997,101:619-622.

[164] Kushwaha M S,Djafari-Rouhani B. Complete acoustic stop bands for cubic arrays of spherical liquid balloons[J]. App. Phys. ,1996,80:3191-3195.

[165] Kushwaha M S, Djafari-Rouhani B, Dobrzynski L. Sound isolation from cubic arrays of air bubbles in water[J]. Phys. Lett. B, 1998, 248: 252-256.

[166] Kafesaki M, Penciu R S, Economou E N. Air bubbles in water: A strongly multiple scattering medium for acoustic waves[J]. Phys. Rev. Lett. , 2000, 84: 5060-6053.

[167] Shi W C. Path-independent integral for the sharp V-notch in longitudinal shear problem. Int. J. Solids Structures, 2011, 48: 567-572.

[168] Fan T Y. Foundation of Fracture Theory[M]. Beijing: Science Press, 2003.

[169] Ding D H, Yang W G, Hu C Z. Generalized elasticity theory of quasicrystals [J]. Phys. Rev. B, 1993, 48(10): 7003-7010.

[170] Yang W G, Wang R H, Ding D H, et al. Linear elasticity theory of cubic quasicrystal. Phys[J]. Rev. B, 1993, 48(10): 6999-7002.

[171] Neman M E, Henley C L. Phason elasticity of a three-dimensional quasicrystal: A transfer-matrix method[J]. Phys. Rev. B, 1995, 52: 6386-6399.

[172] Li L H, Fan T Y. Final governing equation of plane elasticity of icosahedral quasicrystals and general solution based on stress potential function[J]. Chin. Phys. Lett. , 2006, 23(9): 2519-2521.

[173] Li L H, Liu G T. Stroh formalism for icosahedral quasicrystal and its application [J]. Phys. Lett. A, 2012, 376: 987-990.

[174] 李联和, 刘官厅. 准晶断裂力学的复变函数方法[M]. 北京: 科学出版社, 2013.

[175] Sladek J, Sladek V, Pan E. Bending analyses of 1D orthorhombic quasicrystal plates[J]. Int. J. Solids Structures, 2013, 50: 3975-3983.

[176] M. Wollgarten, M. Beyss, K. Urban, H. Lebertz U. Koster. Direct evidence for plastic deformation of quasicrystals by means of a dislocation mechanism[J]. Phys. Rev. Lett. , 1993, 71: 549-552.

[177] R. Rosenfeld, M. Feuerbacher, B. Baufeld, M. Bartsch, M. Wollgarten, G. Hanke, M. Beyss, U. Messerschmidt & K. Urban Study of plastically deformed icosahedral Al [sbnd] Pd [sbnd] Mn single quasicrystals by transmission electron microscopy Phil. Nag. Lett. , 1995, 72: 375-384.

[178] P. Schall, M. Feuerbacher, M. Bartsch, U. Messerschmidt & K. Urban. Dislocation density evolu-

tion upon plastic deformation of Al-Pd-Mn single quasicrystals[J]. Phil. Mag. Lett.,1999,79：785-796.

[179] B. Geyer,M. Bartsch,M. Feuerbacher,K. Urban & U. Messerschmidt. Plastic deformation of icosahedral Al-Pd-Mn single quasicrystals I. Experimental results [J]. Phil. Mag. A, 2000, 80：1151-1163.

[180] R. Rosenfeld, M. Feuerbacher, B. Baufeld, M. Bartsch, M. Wollgarten, G. Hanke, M. Beyss,U. Messerschmidt & K. Urban. Study of plastically deformed icosahedral Al-Pd-Mn single quasicrystals by transmission electron microscopy.Phil. Mag. Lett. ,1997, 76：375-384.

[181] U. Messerschmidt,M. Bartsch, M. Feuerbacher,B. Geyer & K. Urban. Friction mechanism of dislocation motion in icosahedral Al-Pd-Mn quasicrystals [J]. Phil. Mag. A, 1999,79：2123-2135.

[182] Takeuchi S,Shinoda K,Yoshida T. Proceedings of the sixth International Conference on Quasicrystals[C]. Tokyo,1991. Singapore：World Scientific.

[183] Ph. Ebert, M. Feuerbacher, N. Tamura, M. Wollgarten, and K. Urban. Evidence for a Cluster-Based Structure of AlPdMn Single Quasicrystals[J]. Phys. Rev. Lett. ,1996,77：3827 -3830.

[184] Hiroyuki Takakura, Masaaki Shiono, Taku J. Sato, Akiji Yamamoto, and An Pang Tsai. Ab Initio Structure Determination of Icosahedral Zn-Mg-Ho Quasicrystals by Density Modification Method[J]. Phys. Rev. Lett. ,2001,86：236-239.

[185] 温熙森,温激鸿,郁殿龙等 . 声子晶体[M]. 北京：国防工业出版社,2009.

[186] Y. Tanaka and S. I. Tamura. Surface acoustic waves in two-dimensional periodic elastic structures[J]. Phys. Rev. B,1998,58：7958-7965.

[187] Y. Tanaka and S. I. Tamura. Acoustic stop bands of surface and bulk modes in two-dimensional phononic lattices consisting of aluminum and a polymer[J]. Phys. Rev. B, 1999,60：13294-13297.

[188] Tsung-Tsong Wu,Zi-Gui Huang,S. Lin、Surface and bulk acoustic waves in two-dimensional phononic crystal consisting of materials with general anisotropy[J]. Phys. Rev. B, 2004,69：094301.

[189] Jiu-Jiu Chen, Kai-Wen Zhang, Jian Gao, and Jian-Chun Cheng. Stopbands for lower-order Lamb waves in one-dimensional composite thin plates [J]. Phys. Rev. B, 2006, 73:094307.

[190] Jiu-Jiu Chen, Bo Qin, Jian-Chun Cheng. Complete Band Gaps for Lamb Waves in Cubic Thin Plates with Periodically Placed Inclusions [J]. Chin. Phys. Lett. , 2005, 22: 1706-1708.

[191] Jin-Chen Sun and Tsung-Tsong Wu. Efficient formulation for band-structure calculations of two-dimensional phononic-crystal plates [J]. Phys. Rev. B, 2006, 74:144303.

[192] Jian Gao, Xin-Ye Zou, Jian-Chun Cheng and Baowen Li. Band gaps of lower-order Lamb wave in thin plate with one-dimensional phononic crystal layer: Effect of substrate [J]. Appl. Phys. Lett. ,2008,92:023510.

[193] Jia-Hong Sun and Tsung-Tsong Wu. Propagation of surface acoustic waves through sharply bent two-dimensional phononic crystal waveguides using a finite-difference time-domain method[J]. Phys. Rev. B,2006,74:174305.

[194] C. Charles, B. Bonello, F. Ganot. Propagation of guided elastic waves in 2D phononic crystals[J]. Ultrasonics,2006,44:e1209-e1213.

[195] B. Bonello, C. Charles. F. Ganot. Lamb waves in plates covered by a two-dimensional phononic film[J]. Appl. Phys. Lett. ,2007,90:021909.

[196] Zhi-Lin Hou, Badreddine M. Assouar. Modeling of Lamb wave propagation in plate with two-dimensional phononic crystal layer coated on uniform substrate using plane wave expansion method[J]. Phys. Lett. A,2008,372:2091-2097.